基层兽医从业人员培训教材

北京市朝阳区动植物疫病预防控制中心　组织编写

# 动物衣原体病
## 预防与控制手册

唐艳荣　张小梅　张海云　曹院章　主编

中国农业科学技术出版社

图书在版编目（CIP）数据

动物衣原体病预防与控制手册／唐艳荣等主编. --北京：中国农业科学技术出版社，2023.7
ISBN 978-7-5116-6333-7

Ⅰ.①动… Ⅱ.①唐… Ⅲ.①动物-衣原体感染-传染病-防治-手册 Ⅳ.①S858.202.67-62

中国国家版本馆 CIP 数据核字（2023）第 121086 号

责任编辑　徐定娜
责任校对　马广洋
责任印制　姜义伟　王思文

出 版 者　中国农业科学技术出版社
　　　　　北京市中关村南大街 12 号　　邮编：100081
电　　话　（010）82105169（编辑室）　　（010）82109702（发行部）
　　　　　（010）82109709（读者服务部）
网　　址　https://castp.caas.cn
经 销 者　各地新华书店
印 刷 者　北京建宏印刷有限公司
开　　本　145 mm×210 mm　1/32
印　　张　5.875
字　　数　152 千字
版　　次　2023 年 7 月第 1 版　　2023 年 7 月第 1 次印刷
定　　价　48.00 元

# 《动物衣原体病预防与控制手册》
# 编委会

# 前　言

　　动物衣原体病是由各类衣原体感染哺乳动物、禽类、节肢昆虫类等多种动物所引发的一类十分重要的自然疫源性人兽共患传染病。该病呈地方流行，常造成很大的危害及经济损失，给动物和人类的健康造成严重的威胁，各国非常重视此病。世界动物卫生组织将禽衣原体病和绵羊地方流行性流产病定为 B 类动物传染病。

　　随着我国改革开放的不断深入，我国和世界各国的交往日渐增多，范围更加扩大，国内外市场流通更为频繁。加之国内经济飞速发展及城镇化进程加快，宠物越来越受到人们的关注，城市中宠物的饲养数量及种类快速上升。由此，通过动物将宠物源人兽共患病传播给人类的风险也日益增大，预防衣原体病发生是一个十分值得重视的问题。

　　目前，我国广大兽医工作者，特别是基层动物疫病防控人员，对动物衣原体病发生规律、特性和诊断了解较少、不够熟悉，尚缺乏实际防控的经验。为此，介绍和宣传衣原体病的有关知识显得更加必要。

　　基于以上两点，北京市朝阳区动植物疫病预防控制中心组织部分同志，收集该病资料，共同编写了《动物衣原体病预防与控制手册》一书。

　　本书针对动物衣原体病的发生与危害进行了阐述，主要介绍衣原体病的流行特点、临床诊断、实验室诊断方法，重点突出监测技术和综合防控，以提高从业兽医和基层动物防疫工作者对动物源衣原体人兽共患病的防控能力，减少动物源衣原体人兽共患病的发生，防患于未然。本书可供兽医等在实际工作中参考使用。

鉴于编者水平有限和时间仓促，本书可能存在一些不足，希望读者不吝批评指正。

编　者

2023 年 3 月

# 目　录

# 第一章
## 发生与危害

衣原体病是由衣原体引起的人兽共患传染病，可引起动物和人类的多种疾病，动物以表现流产、肺炎、肠炎、结膜炎、多发性关节炎及脑脊髓炎等多种病症为特征。人类的衣原体病以发热、头痛和肺炎为特征，并与动脉粥样硬化和冠心病有关。该病呈地方流行，常造成很大的危害及经济损失。目前，衣原体病的发生成为兽医和公共卫生的重要问题。

## 一、衣原体病流行现状

### （一）世界衣原体病流行现状

1879年，由Ritter在瑞士首次报告人类鹦鹉热以来，本病已广泛分布于世界各地，欧洲、南美洲、北美洲、亚洲的许多国家都有发生。禽衣原体病在1929—1930年大流行对欧美12个国家造成影响，Dickinson等（1960）首次报道从火鸡病料中分离出衣原体。1966年，禽衣原体病大流行，至少12个国家受到牵连，1966年鸭群出现10%的死亡率，经济损失严重；比利时暴发鸭衣原体病，发病率高达80%，死亡率达40%；之后，欧洲出现多起鸭衣原体感染人的病例。1956年，德国人从血清学和病原学方面诊断一些地区发生的奶牛群发生流产是由鹦鹉热衣原体所致，此后欧洲许多国家，亚洲的日本、印度也相继报道了牛群发生衣原体性流产。种种迹象表明衣原体感染呈上升趋势。

国外对动物衣原体病研究比较重视，原因在于该病也感染人，是重要的人兽共患病。1971 年成立的欧洲"科学和技术研究合作组织"（Cooperation in the Field of Scientific and Technical Research, COST），设立动物衣原体病和人兽共患病关系研究协作组织（COST855 行动计划），设立专门经费鼓励各成员国科学家加强合作研究，监测家禽和宠物病原流行，研究有效疫苗和诊断方法，防止动物衣原体出现跨种间传播。联合国和美国把鹦鹉热嗜衣原体列为潜在的生物战剂。2001 年以后，美国把禽鹦鹉热嗜衣原体的研究放在其他衣原体种类之上，通过各种途径收集全世界禽类衣原体的基因组，建立衣原体遗传数据库。

## （二）中国衣原体病流行现状

我国于 1959 年首次发现人的鹦鹉热，我国 20 世纪 60 年代陆续报道衣原体感染，主要侵害鸭、鸽、火鸡、鹦鹉、野天鹅、火烈鸟等。1964 年又在家禽中分离到鹦鹉热衣原体，如北京郊区鸭子血清中鹦鹉热衣原体抗体阳性率高达 47.1%。杨宜生（1992）报道，对湖北省 9 个地区 76 个县的家畜进行血清学调查，共检测样品 31 718 份，结果阳性率为：牛 8.71%、马属动物 9.28%、羊 6.82%、猪 10.84%、禽类 18.99%。2006 年，用荧光抗体染色法检测北京周边禽衣原体抗原，阳性率为 38.2%，证明北京周边地区鹦鹉热嗜衣原体感染呈上升趋势。中国农业科学院兰州兽医研究所自 20 世纪 80 年代以来，多次从流产牛病料中分离出衣原体，血清学调查牛群衣原体感染率达到 20%~30%，与国外报道一致。自 20 世纪 90 年代以来，我国奶牛发展迅速，结合全国奶牛存栏量，保守按 10% 奶牛感染衣原体，每年造成的经济损失高达数亿元。本病对动物和人类的健康造成了严重的威胁，世界动物卫生组织已将禽衣原体病和绵羊地方流行性流产定为 B 类动物传染病。

## 二、衣原体病的危害

### （一）对人类健康影响巨大，鹦鹉热衣原体潜在生物安全威胁

《柳叶刀–微生物》（*The Lancet Microbe*）2022 年 6 月发表了山东第一医科大学史卫峰教授领衔的鹦鹉热衣原体人际传播事件的流行病学和病原学调查结果。这是中国首次关于鹦鹉热衣原体存在人际传播的报道。同时确诊了多例传染源不明的鹦鹉热患者，提示人群中存在该病原体的隐性传播风险。鉴于鹦鹉热衣原体的潜在生物安全威胁，作者呼吁将鹦鹉热衣原体纳入呼吸道病原体的常规筛查，特别应对高风险人群进行筛查。

### （二）影响畜牧业的健康发展

衣原体病给畜牧业带来的危害和损失难以估量，主要包括因发病造成大批畜禽死亡、畜禽产量减少和质量下降而造成的直接损失，以及采取控制、消灭和贸易限制措施而带来的巨大的间接损失。

### （三）影响经济发展和社会稳定

衣原体病是人兽共患传染病，人兽共患传染病曾经给人类健康和社会发展带来过巨大的灾难，直接影响正常的社会生活和秩序，也影响人们的思维和行为方式。

## （四） 生物战剂与生物恐怖的威胁

生物恐怖指恐怖分子利用生物战剂来制造恐怖事件，扰乱社会秩序、震撼社会，从而达到某种平常方式达不到的目的。因为少量生物战剂即可造成某些烈性传染病传播，导致人畜的突发疾病或死亡，经济财产损失严重，具有强大的惊恐效应。有多种人兽共患传染病病原体可以作为生物恐怖袭击武器，衣原体病的病原体也是可以作为生物战剂的一种病原体。

# 第二章

# 病　原

## 一、病原体的概述

衣原体是专性细胞内寄生的微生物，既有 RNA，又有 DNA，在形态上有大、小两种。一种是小而致密的原体（elementary body，EB），也称为原生小体，呈球状、椭圆形或梨形，具有高度传染性；另一种是大面疏松的始体（initial body，或称网状体，reticulate body，RB），呈圆形或椭圆形，是一种繁殖型中间体，无感染性。革兰氏染色呈阴性。可在 5~7 日龄鸡胚卵黄囊内或 10~12 日龄绒毛膜尿囊腔内增殖，也能在 Vero 细胞、BHK21、Hela 细胞等传代细胞上生长。衣原体对高温的抵抗力不强，60℃10 分钟可丧失感染力，在低温下则可存活较长时间，0℃存活数周。0.1%福尔马林、0.5%石炭酸在 24 小时内能将其灭活。其对青霉素、四环素类、红霉素等抗生素敏感。

衣原体的抗原成分，主要有属特异性抗原和种特异性抗原两种。属特异性抗原为细胞壁脂多糖（lipopolysaccharide，LPS）。是衣原体属共有的表面结构，与致病性无关；种特异性抗原为细胞壁主要外膜蛋白（major outer membrane protein，MOMP）。它与种、亚种和血清型特异性抗原有关。目前，沙眼衣原体已分出 18 个血清型，鹦鹉热嗜衣原体在哺乳动物中已分出 8~10 种血清型。MOMP 在体液免疫中具有重要作用。其特异性抗血清具有中和作用。因此，利用基因工程技术在大肠杆菌中表达的 MOMP 重组片段具有免疫保护作用。MOMP 不仅是重要的抗原成分，而且与衣原体外膜完整性、生长代谢调节和致病性有关。MOMP 中有两种富含半胱氨酸的蛋白（cysteine-rich protein，Crp），它是始体发育晚期合成的，在缺少 Cyp 的培养基中，始体向原体转化过程严重受阻，因此推测 Crp 与衣原体的感染性有关。在衣原体结构蛋白中，还有巨噬细胞感染增强蛋白（MIP）和热休克蛋白（Hsp）。MIP 是衣原体膜上的蛋白成分，其抗体具有中和活性，所以 MIP 有可能成为沙眼衣原体疫苗的抗原。Hsp60 与人类 Hsp 相比具有很长的同源序列，它的免疫反应性增强会加重免疫病理反应。有人认为 Hsp60 IgG 可作为衣原体慢性感染的一个检测指标。

# 二、衣原体分类与特性及发育周期

## （一）衣原体分类与特性

### 1. 衣原体分类

根据传统的分类法（*Bergey's Manual of Identification of Bacteriology* 8th ed.，1984），衣原体在分类学上属于原核细胞界、薄壁菌门、纲未定（衣原体和立克次氏体并列）、衣原体目，衣原体目内仅有一科即衣原体科，科内仅有一属即衣原体属，属内有 4 个种，即沙眼衣原体、鹦鹉热衣原体、肺炎衣原体和家畜衣原体。随着分子生物学技术的进步，产生了衣原体新的分类法（*International Jounal of Systematic Bacteriology*，1999，49，415-440），该分类法是根据菌株 16S 和 23S rRNA 基因序列决定的，在衣原体新分类法中，衣原体目下分 4 个科，第一科中所有衣原体的 16S rRNA 基因同源性大于90%，该科下又分衣原体和嗜衣原体两个属，共包括9个簇：鼠衣原体、猪衣原体、沙眼衣原体、流产嗜衣原体、豚鼠嗜衣原体、猫嗜衣原体、家畜嗜衣原体、肺炎嗜衣原体、鹦鹉热嗜衣原体。其中，嗜衣原体属中各种23S rRNA基因同源性大于或等于95%，传统分类法衣原体属中的4个种均包括在第一科中，对一些只有80%~90% rRNA相同的衣原体样微生物则分入新的第2~4科中。

**2. 衣原体属共同特性**

1）革兰氏染色阴性，吉姆萨染色，EB染色呈紫红色，马氏染色，EB呈红色，RB呈蓝色。

2）EB有细胞壁，主要由LPS和多种蛋白组成，所有衣原体均含有本属共同的LPS，并且是目前所知的能将LPS排至宿主细胞膜上的唯一一种细菌。

3）EB的细胞壁缺乏肽聚糖，所以对β-内酰胺类抗生素不敏感，但对大环内酯类如四环素等抗生素敏感。

4）EB和RB均同时含有DNA和RNA两种核酸。

5）大部分衣原体均含有长度约7.5千碱基对的隐蔽性质粒。

6）必须依赖宿主细胞的三磷酸腺苷（ATP）和中间代谢产物作为能量来源进行代谢活动。

7）衣原体的包涵体除*Ct*含有糖原、碘染色可呈阳性外，其余几种衣原体的包涵体均不含糖原，碘染色呈阴性。

8）衣原体是一菌多病的典型，其致病范围和隐性感染几乎涉及内、外、妇、儿、眼、泌尿和呼吸等临床各科，并且其致病谱还在不断延伸。

## （二）衣原体发育周期（生活环）

衣原体作为一类寄生微生物有两个较显著的特点，即能量寄生和复杂的发育周期。衣原体具有完整的生化代谢途径和生物酶系统，但不能自体产生能量，必须依赖宿主提供的 ATP 来进行自身代谢，是典型的能量寄生微生物。衣原体的发育周期可分为五个阶段。

1）最初侵染时，具有感染性的原体（EB）首先黏附于易感上皮细胞，然后通过吞噬、胞饮作用或受体介导进入宿主细胞（host cell）。

其中，受体介导的内吞作用是真核细胞内化和生物大分子转运的重要途径，以硫酸乙酰肝素为桥梁进入宿主细胞的方式已被证实。

2）原体进入宿主细胞后 6~8 小时，开始变为始体或称网状体（RB），衣原体虽然不能自体产生能量，但原体中储存有来自宿主的 ATP 及 ATP 酶，该酶的激活和二硫键交联蛋白的减少是原体发育成始体的早期信号。

3）网状体是繁殖体，此时开始以二分裂的方式使子代充满胞内体，即包涵体（inclusion bodies），一个以上的衣原体同时侵入一个上皮细胞时，所形成的多个胞内体通常会融合，使每个细胞内仅有一个包涵体，若不融合，则会出现一个细胞内有多个包涵体，此时一个感染个体可分裂 8~12 次，使每个宿主细胞可产生100~1 000 个新的感染单元（EB）。

4）感染 24 小时后，网状体开始发育为原体，此时伴随着核酸凝集和转录停止，蛋白合成。目前认为，发育周期的调节可能是在转录水平上进行的，多种启动子和特殊的 mRNA 已被认识，启动子上结合的 RNA 聚合酶亚单位可能起主要的调节作用。

5）感染 48 小时后，包涵体中大部分网状体已发育成原体，包涵体开始成熟，最终破裂，释放出具有感染性的原体。这些原体在适当条件下会侵染新的宿主细胞，又开始新一轮发育周期。

在细胞培养中，整个发育周期一般需 48~72 小时，不同菌株、不同血清型生长速度不同，例如，LGV 比 *Ct* 变种生长快得多。在发育周期末期，LGV 包涵体在胞内破裂，使宿主细胞死亡，释放出原体，而 *Ct* 包涵体可以原封不动地以一种类似于出胞作用释放出来，并不一定杀死宿主细胞。因此，LGV 菌株在细胞细胞间的传播更有效，能导致更严重的侵入性疾病。

# 第三章

# 流行病学

## 一、动物方面

### (一) 传染源及传播途径

患病的动物和带菌者是本病的主要传染源。几乎所有的鸟类均可携带该菌使其他动物受到感染。它们可由粪便、尿、乳汁及流产的胎儿、胎衣和羊水排出病菌，污染饲料和饮水等，经消化道感染健康畜禽，或由污染的尘埃通过空气经呼吸道或眼结膜感染，病畜与健畜交配或经人工授精发生感染（精液带菌可达1年以上）以及子宫内感染等。厩蝇、蜱及其他昆虫、某些寄生虫可能是传播本病的媒介。

### (二) 易感动物

衣原体在自然界分布广泛，具有许多宿主，家畜中以羊、牛、猪较为易感，马、犬、猫也有易感性，约有几十种哺乳动物易感本病。禽类中以鹦鹉和鸽子较为易感，火鸡、鸡、鸭子也有易感性，现已发现有190多种鸟类和禽类都可自然感染衣原体。此外、海豹、麝鼠、野兔、跳羚、树袋熊、苏门羚、野猪、非洲爪蛙、有袋负鼠、野猴等野生动物都有易感性。

## （三）流行特点

本病的发生没有明显的季节性，但犊牛肺肠炎及山羊肺炎和绵羊肺炎多发生于冬季，羔羊关节炎和结膜炎常见于夏秋季节。畜禽不同年龄、不同品种都可感染本病，但不同年龄的畜禽其症状表现不完全相同。羔羊多表现为关节炎、结膜炎；犊牛和仔猪多表现为肺肠炎；成年牛有脑炎症状；怀孕牛、羊、猪则多数发生流产。幼禽发病比成年者严重，多数归于死亡。本病的流行形式多种多样。怀孕牛、羊、猪流产常呈地方流行性，羔羊、仔猪发生结膜炎或关节炎时多呈流行性，而牛发生脑脊髓炎时则为散发性。

动物营养缺乏、饲养密度过大、运输途中过度拥挤、细菌性或原虫性疾病，以及迁徙等应激因素可促进本病的发生与发展。

衣原体传染性强，能够耐受多种抗菌药物。患病动物病后恢复缓慢，免疫水平低，能够长期带菌，甚至反复发作。动物衣原体病对人畜构成越来越严重的威胁，引起许多国家的重视和深入研究。

# 二、人类方面

## （一）传染源及传播途径

引起人类感染发病的主要是鹦鹉热嗜衣原体、沙眼衣原体和肺炎嗜衣原体。病原体来自家禽类、观赏鸟类及其他动物。其传播途径多种多样，人类主要是因吸入被病鸟和病禽类污染的空气经呼吸道感染，多发生于打扫禽舍、清理鸟笼和粪便，以及宰杀禽类、鸟类拔毛时；其次，在宰杀及清洗禽类和鸟类时，病原体可经皮肤、黏膜或眼结膜侵入体内；被病鸟、病禽或带菌的鸟禽啄伤或抓伤也可感染。

## （二）流行特点

本病常发生于家庭、鸟店、家禽饲养场、屠宰加工厂、医院和实验室等地，成为饲养、贩卖、加工处理禽鸟人员的职业病。人类感染后可相互传染，也可传染给动物，并可持续带菌达 10 年之久。人类感染发病无年龄和性别的差异，普遍易感。据美国学者统计，全球每年人类感染肺炎衣原体发病数约 30 万例。由沙眼衣原体引起的性病，美国每年约有 100 万人感染。欧美一些国家，新生儿在分娩过程受感染时，有 25%～50% 的婴儿发生结膜炎（沙眼），10%～20% 的婴儿发生肺炎。

# 第四章

# 临诊症状和病变

## 一、禽衣原体病

### （一）临诊症状

#### 1. 家禽

火鸡、鸡、鸭、鹅等感染鹦鹉热嗜衣原体后，火鸡表现为体温升高，食欲减少，精神委顿，腹泻，排黄绿色水样便，产蛋量下降至 1%~2%。发病率为 5%~20%，死亡率为 1%~4%。另外，火鸡还可发生肺炎、心肌炎、动脉炎、睾丸炎及附睾炎。鸡主要发生于幼雏，病鸡极度消瘦，也有发生结膜炎、心包炎、肝周炎和气囊炎的。雏鸭发病表现为食欲不振，肌肉震颤，运步失调，衰竭，腹泻，排绿色水样便，眼、鼻周围有浆液性和脓性分泌物，常在惊厥中死亡。发病率为 10%~80%，死亡率一般为 0~30%。鹅发病症状和病变与鸭相似。

#### 2. 鹦鹉类鸟

鹦鹉感染本病称为鹦鹉热。病鸟表现为精神不振，不食，羽毛凌乱，腹泻，排淡黄绿色粪便，鼻腔流黏液性脓性分泌物，闭眼并伴有分泌物，死前消瘦，严重脱水。

#### 3. 鸽子

病鸽精神沉郁，不食，消瘦，腹泻，鼻和眼有分泌物。有的出现眼睑肿胀，结膜炎和鼻炎，呼吸困难并伴有啰音。多数发生死亡。康复者带菌。

## （二）病变

### 1. 家禽

火鸡咽喉充满黑色分泌物，肺弥漫性充血，胸腔有纤维素性渗出物。气囊增厚并附着纤维素性渗出物。心包增厚，心包腔内有纤维素性渗出物。肝肿大、表面覆盖有纤维素性渗出物。脾肿大、色变暗、变软，表面有灰白色斑点。腹腔和肠系膜充血。鸭可见肝肿大，有坏死灶。气囊炎、星云雾状浑浊或有干酪样渗出物。纤维素性心包炎和肠道卡他性炎症变化。

### 2. 鹦鹉类鸟

气囊浑浊、增厚，并有大量干酪样渗出物。心包有纤维素性渗出物。肝肿大，坏死肝表面覆盖有纤维蛋白。脾肿大。肠道有出血性炎症变化。

### 3. 鸽子

气囊增厚，腹膜表面有干酪样渗出物。心外有纤维素渗出物。肿大、变软。肠道有卡他性炎症变化，泄殖腔沉积大量尿酸盐。

# 二、牛衣原体病

## （一）牛地方流行性流产

### 1. 临诊症状

潜伏期为数月。妊娠母牛一过性高热后，突然流产，多数发生于怀孕的第 8 个月或第 9 个月，产死胎或弱胎。初产母牛发生流产约占 50% 以上。公牛易发生精囊炎、附睾炎和睾丸炎，发病率约为 10%。该病主要由鹦鹉热嗜衣原体和流产嗜衣原体所引起。

### 2. 病变

流产胎儿贫血，皮肤和黏膜有斑点状出血，皮下组织水肿，结膜、咽喉、气管黏膜有点状出血；腹腔和胸腔有黄色渗出物；肝肿大，表面有灰黄色小结节；淋巴结肿大、有点状出血；胎衣增厚和水肿。

## （二）犊牛肺肠炎

### 1. 临诊症状

潜伏期 1～10 天。肺炎表现为发热、咳嗽、流鼻汁，精神不振，食欲减退。肠炎表现为腹泻，呈水样便，有时带有血液和黏液。

### 2. 病变

肺有灰红色实变区，间质水肿，膨胀不全。肠黏膜充血，水肿，以回肠末端最为严重。肠系膜淋巴结肿大、出血。胸膜、心外膜、脾和膀胱有点状出血。

## （三）牛散发性脑脊髓炎

### 1. 临诊症状

自然感染潜伏期为 4～27 天。病牛高度精神沉郁，体温升高至 40～41℃，直至康复或死亡。病牛表现为无意识、虚弱、消瘦、疲劳。眼、鼻常流出清亮的黏液性分泌物。有时出现轻度腹泻，病程长的，病牛消瘦，全身主要关节水肿并有压痛。共济失调，绕圈行走，角弓反张，然后出现麻痹，倒地，3～5 周死亡，病死率为 40%～60%。本病主要由鹦鹉热嗜衣原体和沙眼嗜衣原体混合引起。

## 2. 病变

一般可见脱水，腹腔和胸腔积液增多。慢性病例可见浆液性纤维素性腹膜炎、胸膜炎或心包炎。脾脏肿大，大脑病变不明显。

## （四）犊牛多发性关节炎

### 1. 临诊症状

初生犊牛持续发热达40℃以上，厌食，不愿活动或站立，关节肿胀，跛行，运步僵硬，触压关节有痛感。多于发病后的2~12天死亡。本病由鹦鹉热嗜衣原体和支原体等引起。

### 2. 病变

四肢关节肿胀，关节邻近的皮下及周围组织水肿，腱鞘周围有液体渗出。关节周围的肌肉充血及水肿，筋膜有点状出血。

# 三、羊衣原体病

## （一）绵羊地方流行性流产

### 1. 临诊症状

潜伏期50~90天。母羊体温升高2~3℃，可持续1周，食欲减退，阴道排出少量黏液性或脓性分泌物，有的母羊不见任何症状而突然发生流产。流产多发生在母羊妊娠的中、晚期，流产胎儿为木乃伊、死胎和弱羔。首次发生流产的羊群流产率为20%~30%，发生过流产的母羊在下一次生产中，虽然不再发生流产，但产弱羔较多。弱羔表现为神经症状或肺炎或关节炎或结膜炎等。公羊表现为睾丸炎和附睾炎。本病是由鹦鹉热嗜衣原体引起的繁殖障碍性疾病。

### 2. 病变

流产母羊胎膜血样水肿，子叶呈暗红色并有坏死。流产胎儿水肿。腹水增多，气管黏膜有瘀斑。

## （二）绵羊滤泡性结膜炎

### 1. 临诊症状

病羊结膜充血、水肿、流泪，2~3 天后角膜浑浊，形成角膜翳，随后角膜溃疡，严重者引起穿孔，再经 2~4 天开始愈合，数天后，在瞬膜和睑结膜上形成直径 1~10 纳米的淋巴滤泡。本病常为良性经过，病程一般为 6~10 天，但常伴发多发性关节炎，有跛行。本病是由鹦鹉热嗜衣原体引起的传染性疾病。

### 2. 病变

病羊结膜充血和水肿。角膜浑浊，出现角膜翳、糜烂和溃疡。

## （三）羔羊多发性关节炎

### 1. 临诊症状

病羊体温升高达 39.5~42℃，精神沉郁，食欲废绝，不愿行走，运步僵硬，肢关节触摸有痛感，一肢或四肢呈跛行，个别病羊还出现痉挛症状。本病是由鹦鹉热嗜衣原体所引起的全身性疾病，多见于 6 月龄以下的羔羊。

### 2. 病变

关节周围组织水肿，腱鞘周围有液体渗出，其周围肌肉充血及水肿，筋膜有点状出血。

## （四）山羊肺炎和绵羊肺炎

### 1. 临诊症状

病羊体温升高 1~2℃，精神沉郁，嗜睡，食欲不振，咳嗽，流泪，呼吸促迫，鼻腔流出浆液性或黏液性分泌物，听诊有啰音。本病是由鹦鹉热嗜衣原体所引起的呼吸道传染病。

**2. 病变**

气管、支气管黏膜有大量黏液性分泌物，肺的尖叶、心叶有暗红色或灰红色实变区，肺间质水肿，膨胀不全。

# 四、猪衣原体病

猪感染鹦鹉热嗜衣原体能引起妊娠后期的母猪流产、死胎、产弱仔或木乃伊胎儿等，以及公猪睾丸炎、阴茎炎、尿道炎、仔猪肺肠炎、脑炎、心包炎、多发性关节炎、成年猪结膜炎、多发性关节炎。感染沙眼衣原体则表现为仔猪肠炎和角膜炎，混合感染牛羊嗜衣原体和沙眼衣原体可引起母猪流产。

## （一）临诊症状

怀孕母猪常在妊娠后期，无任何先兆症状时，发生流产、死胎、产弱仔或木乃伊胎儿。初产母猪发病率可高达 40%～90%。二胎以上的经产母猪流产率低。仔猪表现为肺肠炎症状，体温升高达 41～41.5℃，热型不定，精神沉郁干咳、呼吸困难流泪粪便稀薄，后期便中带黏液或血液，呈褐色，仔猪不食，衰竭无力。断奶仔猪易发生脑炎，表现精神委顿，高热稽留，皮肤震颤，有的高度兴奋，尖叫，突然倒地，四肢呈划水状，后肢轻度麻痹，呼吸困难，病死率为 20%～60%。2～8 周龄仔猪易发生角膜炎，表现为结膜充血，流泪，角膜浑浊，眼睑水肿，5～6天可痊愈。有的仔猪还可发生心包炎、胸膜炎、腹膜炎等，病情较重，病死率很高。发生关节炎的病猪表现为四肢关节肿大，有热痛，有跛行，但很少发生死亡。公猪主要引起睾丸炎、阴茎炎、尿道炎等。

## （二）病变

流产胎儿的皮肤上有淤斑，皮下水肿。肝肿大呈红黄色，心内外膜有出血点，脾肿大，肾有点状出血。肺肠炎病变为气管内充满黏液，肺的尖叶、心叶或部分隔叶有紫红色或灰红色的实质性病灶，肺间质水肿，膨胀不全，支气管增厚，切面多汁呈红色。在腹腔和肠腔内积有大的淡红色渗出液，腹腔内脏器官发生纤维素性粘连，心包膜与心外膜、胸壁发生纤维素性粘连。胃和小肠黏膜充血水肿，黏膜有点状出血和小溃疡。肠系膜淋巴结充血、肿胀、肠内容物混有黏液及血液。

# 五、马衣原体病

## （一）临诊症状

流产：妊娠马感染后可出现流产、产死胎、产弱驹。支气管肺炎：主要感染数月的幼驹，患驹表现为发热，可视黏膜充血，黄染，血液中胆红素含量增加。多发性关节炎：主要发生于两月之内的幼驹，四肢关节肿大、有跛行，而且多发性关节炎常与支气管肺炎并发，使病情恶化。

## （二）病变

支气管肺炎型：咳嗽，呼吸困难，黏膜发绀。剖检可见间质性肺炎和肝有坏死病灶。肝肿大、变软、退色。

## 六、猫衣原体病

由猫嗜衣原体引起猫结膜炎和鼻炎。病猫精神沉郁，不食、发热、打喷嚏、咳嗽、流鼻涕、呼吸困难等。怀孕猫可发生流产。

## 七、犬衣原体病

周龄内的狗易感染衣原体，主要表现为结膜炎、角膜炎、脑炎和肺炎等，其症状与犬瘟热相似。

## 八、豚鼠衣原体病

由豚鼠嗜衣原体引起豚鼠结膜炎、生殖系统感染和流产等，对新生及幼龄豚鼠的危害较为严重。

## 九、小白鼠衣原体病

小白鼠多为隐性感染，可引起小白鼠肺炎和心肌炎等。

## 十、人衣原体病

人衣原体病是由肺炎嗜衣原体、鹦鹉热嗜衣原体和沙眼衣原体引起的一种急性传染病。其临床表现如下。

## （一）　衣原体肺炎

临床上表现为急慢性呼吸道疾病，以肺炎、支气管炎较为多见。发病初期通常表现为咽痛和音哑，数日后出现咳嗽，体温多降至常温，异常呼吸音和鼻窦区压痛为较常见的特征。肺炎嗜衣原体还可引起心肌炎、心内膜炎等，也可能与人类动脉粥样硬化和冠心病有关。

## （二）　沙眼衣原体感染

主要引起沙眼和性传播的泌尿生殖系统感染。沙眼初期症状为流泪、黏液脓性分泌物、结膜充血及滤泡形成。后期出现结膜疤痕、内翻倒睫，进而形成角膜浑浊，乃至失明。婴儿通过产道受到感染，发生急性化脓性结膜炎，成人感染引起滤泡性结膜炎。男性感染可引发尿道炎，有尿痛、尿道红肿及清亮分泌物。女性感染时症状轻微，尿道可出现少量分泌物。感染子宫颈时可引起宫颈炎或糜烂，白带增多，阴道及外阴有痒感，也可合并尿道炎、宫颈炎、输卵管炎和盆腔炎。

## （三）　鹦鹉热

潜伏期为 1~2 周。轻者症状似流感样。重者可发展为支气管肺炎和败血症，甚至死亡。其临床表现和病理变化与病毒或支原体肺炎相似，故也称非典型肺炎，多呈急性发病，有高热寒战，伴发肌肉关节痛，出现胸痛、胸闷、咳嗽、多为干咳或少量黏液痰，重者可有呼吸困难或紫绀，肺部体征轻。鹦鹉热还可引起伤寒样或中毒型败血症，表现为发热，毒血症及肝脾肿大，并可并发心肌炎和心内膜炎。多数患者病程 1~3 周，但易复发。本病预后不良，老年人死亡率高。

# 第五章

# 诊　断

由于衣原体的临诊症状变化较大且无典型性，根据本病的流行特点、临床特征和病理变化进行综合分析，可作出初步诊断，确诊需进行病原体的分离培养和实验室检验。

## 一、病原学诊断

### （一）病料的采取与处理

用于分离病原体的病料可采取流产病例的流产胎儿的器官、胎盘和子宫分泌物，关节炎病例的滑液，脑炎病例的大脑和脊髓，肺炎病例的肺、支气管、淋巴结，肠炎病例的肠黏膜和粪便等。病料经磨碎后用 PBS 液或 SPG 缓冲液稀释成 20% 的混悬液，为防止杂菌污染，需在每毫升混悬液中加 1 毫克链霉素或 1 毫克卡那霉素和两性霉素 B，经 2 000 转/分离心沉淀 20 分钟，取上清液重复离心沉淀两次，最后取上清液进行培养和接种动物试验。

### （二）细胞培养

取上清液接种细胞，如 McCoy、Hela、Vero 和 L-929 等细胞。在细胞培养中的衣原体，能形成不同形态的核旁包涵体，再用直接荧光抗体试验（DFA）进行检测，其特异性可达 95% 以上。

## （三）　鸡胚接种

取 0.5 毫升上清液接种到 6~7 日龄的鸡胚卵黄囊内，39℃ 孵化，一般于接种后 5~12 天，衣原体能引起鸡胚死亡，鸡胚卵黄囊膜出现典型的血管充血病变。有些衣原体菌株引起病变不明显或鸡胚仍存活，应该进行 2 代盲传，有时要盲传 5 代，再用间接血凝试验（IHA）或直接荧光抗体试验进行病原鉴定。

## （四）　动物致病性试验

选用 21~28 日龄的幼鼠，将病料通过腹腔、脑内或鼻腔内接种，如 5~15 天小鼠出现不食、被毛蓬乱、结膜炎、腹部胀满甚至死亡等症状，剖检腹腔有纤维素性渗出物，肺充血、肝、脾肿大等，即可进一步诊断为衣原体病。

# 二、血清学诊断

## （一）　补体结合试验（cF）

用感染鸡胚的卵黄膜制备抗原，以已知抗血清进行 cF 试验以鉴定衣原体的存在。我国将 cF 滴度为 1：16 以上判定为阳性，1：8 为可疑反应，1：4 以下为阴性。哺乳动物和禽类一般于感染后 7~10 天出现补体结合抗体。临床上通常采取急性期和恢复期双份血清进行 cF 试验，如抗体滴度增高 4 倍以上，认为阳性。

## （二）　间接血凝试验（IHA）

这是一种定性检测方法，且灵敏度高、方法简便。间接凝集反应是指将可溶性抗原（或抗体）先吸附在一种与免疫无关、具有一定大小的颗粒状载体的表面，然后与相应抗体（或抗原）作用。在有电介质存在的适宜条件下，即可发生凝集。

## （三） 荧光抗体试验

用于检测抗原，敏感性与特异性都很好。

## （四） 血清中和试验

中和试验具有较高的特异性，利用同一病毒的不同型毒株或不同型标准血清，即可测知相应血清或病毒的型。中和试验不但可以定属而且可以定型。

# 三、临床上常用的实验室诊断方法

猪衣原体病常用免疫荧光抗体试验和酶联免疫吸附试验（enzyme-linked immunosorbent assay，ELISA）进行诊断；牛衣原体病常用 DNA 探针和聚合酶链反应（PCR）技术进行衣原体种的鉴定；羊衣原体病的诊断，世界动物卫生组织推荐病原鉴定使用 ELISA、荧光抗体试验和 PCR 方法；禽衣原体病的诊断，世界动物卫生组织推荐病原鉴定使用 ELISA 和 PCR 方法，血清学诊断使用补体结合试验、ELISA、乳胶凝集试验；微量免疫荧光试验和琼脂扩散试验。其他动物衣原体病的诊断可参照上述方法进行。

# 四、鉴别诊断

母猪流产应注意与猪伪狂犬病、猪细小病毒感染、乙型脑炎、繁殖与呼吸综合征及猪瘟等繁殖障碍性疾病相区别；母牛流产应注意与牛布鲁氏菌病相区别；犊牛多发性关节炎应注意与大肠杆菌、沙门氏菌和链球菌等引起的多发性关节炎相区别；母羊流产应注意与羊布鲁氏菌病、沙门氏菌病、弯曲菌病和弓形体病相区别。羊肺炎注意与支原体肺炎相区别；禽衣原体病应注意与禽巴氏杆菌病、新城疫、鸭流感和支原体病相区别。

# 第六章

# 监测技术

由于衣原体病的特殊性，在预防控制方面应定期开展监测工作，发挥关口前移的预警作用，做到"人病畜防"。建立宠物医疗机构、兽医与防疫部门的协作及联防联控机制非常重要。根据采集的样品种类不同、检测畜种不同，可以选择适合的检测方法。本章介绍了一些衣原体病不同监测技术的详细的操作方法。

## 一、血清学检测技术

### （一）凝集反应

凝集反应（agglutination reaction）是指颗粒性抗原与相应抗体结合后发生凝集的血清学试验。抗原与抗体复合物在电解质的作用下，经过一段时间，形成肉眼可见的凝集团块。试验可在玻板上进行，称为玻片凝集试验，可用于细菌的鉴定和抗原的定性检测；也可在试管中进行，称为试管凝集试验，主要用于抗体效价测定。

#### 1. 原理

凝集反应一般是利用已知抗原（或已知抗体）检查未知抗体（或未知抗原），以达到鉴定抗体（或抗原）和诊断疾病的目的。

## 2. 分类

凝集试验根据抗原的性质、反应的方式，可分为直接凝集反应和间接凝集反应。

直接凝集反应是指颗粒状抗原（如细菌、红细胞等）与相应抗体直接结合所出现的凝集现象。根据试验容器的不同，可分为玻片法和试管法。

抗原与相应抗体结合数分钟后，如出现肉眼可见的凝集现象，为阳性反应。该法简便快速，除鉴定菌种外，尚可用于菌种分型、测定人类红细胞的 ABO 血型等。试管法是一种定量试验的经典方法。可用已知抗原来检测受检血清中有无某抗体及抗体的含量。

间接凝集反应是指将可溶性抗原（或抗体）先吸附在一种与免疫无关的、具有一定大小的颗粒状载体的表面，然后与相应抗体（或抗原）作用。在有电介质存在的适宜条件下，即可发生凝集，称为间接凝集反应。用作载体的微球可用天然的微粒性物质，如人（O 型）和动物（绵羊、家兔等）的红细胞，或活性炭颗粒等；也可用人工合成或天然高分子材料制成，如聚苯乙烯乳胶微球等。由于载体颗粒增大了可溶性抗原的反应面积，当颗粒上的抗原与微量抗体结合后，就足以出现肉眼可见的反应，敏感性比直接凝集反应高得多。

## 3. 优点

它是一种定性检测方法，且灵敏度高、方法简便。

# （二）免疫扩散试验

免疫扩散试验（immunodiffusion test）又称琼脂免疫扩散试验，是一种运用沉淀反应原理进行兽医诊断检测的常规试验方法。

沉淀反应是指利用可溶性抗原与抗体结合，形成肉眼可见的一类血清学免疫反应。抗原可以是多糖、蛋白质、类脂等。沉淀反应包括絮状沉淀试验、琼脂扩散试验、免疫电泳。

### 1. 原理

1%～2%琼脂凝胶形成的构架网孔较大，空隙中是 98%～99% 的水，允许分子量在 20 万以下甚至允许更大的大分子物质通过。绝大多数可溶性抗原和抗体的分子量在 20 万以下，因此可以在琼脂凝胶中自由扩散，所受阻力甚小。二者在琼脂凝胶中相遇，在最适比例处发生特异性免疫结合反应，结合物分子量一般大于 20 万，此结合物因颗粒较大而不扩散，故形成沉淀带。

### 2. 分类

根据其扩散方向可分单相扩散和双相扩散，根据抗原抗体二者是一方扩散还是双方扩散，又有单扩散和双扩散之别。因此，有单相单扩散、单相双扩散，双相扩散、双相双扩散 4 种类型。其中，双相扩散根据使用试剂及检测对象不同，又可分为两类，一类是利用已知抗原检测抗体，另一类是利用已知抗体检测抗原。

### 3. 优点

简便易行，不需要使用大型仪器设备，易于操作。

## （三）酶联免疫吸附试验

酶联免疫吸附试验利用抗原抗体之间专一性键结的特性，对检体进行检测；由于结合在固体承载物上的抗原或抗体仍可具有免疫活性，因此设计其键结机制后，配合酶素呈色反应，即可显示特定抗原或抗体是否存在，也可利用呈色之深浅进行定量分析。

### 1. 原理

将抗原或抗体结合到某种固相载体表面，并保持其免疫活性。抗原或抗体再与某种酶连接成酶标抗原或抗体，这种酶标抗原或抗体既保留其免疫活性，又保留酶的活性。在测定时，把受检标本（测定的抗体或抗原）和酶标抗原或抗体按不同的步骤与固相载体表面的抗原或抗体反应。用洗涤的方法使固相载体上形成的抗原抗体复合物与其他物质分开，最后结合在固相载体上的酶量与标本中受检物质的量成一定的比例。加入酶反应的底物后，底物可在酶作用下使其所含的供氢体由无色的还原型变成有色的氧化型，出现颜色反应。因此，可通过底物的颜色反应判定有无相应的免疫反应，颜色反应的深浅与标本中相应抗体或抗原的量呈正比。此种显色反应可通过酶标仪进行定量测定。

**2. 分类**

双抗体夹心法测抗体、双抗原夹心法测抗体、间接法测抗体、竞争法测抗体、竞争法测抗原、捕获包被法测抗体、ABS-ELISA法（亲和素–生物素系统–酶联免疫吸附试验法）。

**3. 用途**

间接 ELISA 主要用于检测抗体，双抗体法用于检测大分子抗原，双夹心法用于测定大分子抗原，液相阻断 ELISA 用于测定抗体，竞争 ELISA 用于测定小分子抗原及半抗原，抗体捕捉 ELISA 法主要用于检测 IgM 抗体。

**4. 优点**

直接法和间接法是较常用的方法，直接法有操作手续简短、无须使用二抗和可避免交互反应的优点；然而，试验中的一抗都要用酶进行标记，但并不是每种抗体都适合做标记，费用相对较高。间接法则不需要酶标记的一级抗体就能保留最多的免疫反应性，且二级抗体可以加强信号，有多种选择能做不同的测定分析；但这种方法发生交互反应的机率较高。

总体来说，ELISA 方法具有灵敏性、特异性高，且重复性好、检测速度快的特点，尤其适合用于大批量血清样品的检测。

## （四） 免疫胶体金检测技术

免疫胶体金技术（immune colloidal gold technique）是以胶体金作为示踪标志物，应用于抗原抗体反应中的一种新型免疫标记技术。免疫胶体金检测试剂实际上是免疫金标记技术和抗原抗体相结合而形成的一种应用形式，相比 ELISA 试剂，除标记物不同外，同样服从于抗原抗体反应的特性。

### 1. 原理

胶体金是由氯金酸水溶液在还原剂作用下聚合成特定大小的金颗粒。颗粒之间因静电作用形成一种稳定的胶体状态，也称金溶胶。利用胶体金在碱性环境中带负电荷的性质，与蛋白质分子的正电荷集团借静电吸引而形成牢固的结合，这种结合对所标记蛋白质的生物活性无明显影响。除蛋白质分子，胶体金颗粒还可以与其他多种生物大分子物质（如毒素、抗生素、激素、核酸、多肽螯合物等）结合。

### 2. 优点

方便使用，操作简单，不需经过特殊培训；短时间获得检测结果，一般 10~15 分钟即可得出结论；不同环境下的稳定性好，不需冷藏；相比而言，其生产成本和检测成本均较低；检测标本种类多，可用于查血、尿液或粪便，因而适合各种检查。

## （五） 中和试验

病毒或毒素与相应的抗体结合后，失去对易感动物的致病力，称为中和试验（neutralization test）。中和试验以测定病毒的感染力为基础，以比较病毒受免疫血清中和后的残存感染力为依据，来判定免疫血清中和病毒的能力。

### 1. 分类

试验方法主要有简单定性试验、固定血清稀释病毒法、固定病毒稀释血清法、空斑减少法等。

### 2. 用途

从待检血清中检出抗体，或从病料中检出病毒，从而诊断病毒性传染病；用抗毒素血清检查材料中的毒素或鉴定细菌的毒素类型；测定抗病毒血清或抗毒素效价；新分离病毒的鉴定和分型。中和试验不仅可在易感的实验动物体内进行，亦可在细胞培养上或鸡胚上进行。

### 3. 优点

在病毒株的种型鉴定方面，中和试验具有较高的特异性，利用同一病毒的不同型毒株或不同型标准血清，即可测知相应血清或病毒的型，所以，中和试验不但可以定属而且可以定型；在测定血清抗体效价方面，中和抗体出现于病毒感染的较早期，在体内的维持时间较长。

## （六） 检测结果的评定

### 1. 凝集试验

多种凝集试验的原理相同，结果的判定方法相同，都要观察抗原和相应抗体的结合程度，凝集程度的评定标准如下：

++++：出现大的凝集块，液体完全清亮透明，即100%凝集。

+++：有明显的凝集片，液体几乎完全透明，即75%凝集。

++：有可见的凝集片，液体不甚透明，即50%凝集。

+：液体浑浊，有小的颗粒状物，即25%凝集。

-：液体均匀浑浊，即不凝集。

### 2. 免疫扩散试验

试验在琼脂板上进行，需将琼脂板置于黑色背景下进行观察，具体标准见图6-1。

1）标准阳性血清与抗原孔之间出现一条清晰致密的白色沉淀

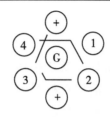

图 6-1 试验标准

线，则试验成立；否则视为无效，需重复该试验。

2）若被检血清孔与中心抗原之间出现沉淀线，并与标准阳性血清的沉淀线末端平滑相连接（图6-1所示1号孔），则被检血清判为阳性。

3）被检血清与中心抗原孔之间虽不出现沉淀线，但标准阳性血清的沉淀线一端弯向被检血清孔（图6-1所示3号孔），则此孔的被检样品判为弱阳性（凡弱阳性者应重复试验一次）。

4）被检血清孔与中心抗原孔之间不出现沉淀线且标准阳性血清沉淀线直向被检血清孔或向其外侧偏弯者（图6-1所示2号孔），则被检血清判为阴性。

5）被检血清孔与中心抗原孔之间沉淀线与标准阳性血清与抗原孔之间的沉淀线交叉（图6-1所示4号孔），则判为非特异性反应，应重复该试验。若仍出现非特异性反应则判为阴性。

**3. 酶联免疫吸附试验**

试验结果可以通过肉眼观察，亦可通过分光光度计测定光学密度（OD）进行比较。

肉眼观察时若液体为黄色或棕褐色，则是阳性反应；无色为阴性反应。

分光光度计比色选用492纳米的波长比色，若被检血清OD值高于标准阴性血清平均OD值2倍以上，则为阳性反应，否则为阴性反应。

#### 4. 中和试验

结果以中和指数表示，中和指数表示被检血清中有无中和抗体及中和病毒的能力，为求中和指数，应计算出病毒对照和被检血清/病毒的 $ELD_{50}$，此二者的差数即为中和指数。

计算按照 Reed 和 Muench 两氏法进行，公式如下：

$ELD_{50}$效价＝高于 50%死亡百分数病毒稀释度倒数的对数＋距离比

#### 5. 胶体免疫检测技术

市面上有多种针对不同疾病的胶体金检测试剂盒，多数免疫胶体金检测试剂盒示意图如图 6-2 所示，按照说明书进行操作，会在测试线上出现条带，按照说明解读即可。

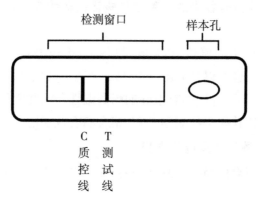

**图6-2 胶体金检测试剂盒示意图**

# 二、核酸检测技术

核酸检测技术因其简单快速、特异性高、准确敏感、生物安全环境要求低等特点，被广泛地应用于动物疫病病原的检测中，已逐渐成为动物疫病的主要监测技术。

## （一）聚合酶链式反应

聚合酶链式反应（Polymerase chain reaction，PCR）技术是一种分子生物学技术，可在体外将单个或多个特定的 DNA 片段扩增数倍，产生数千到数百万个特定 DNA 序列的拷贝。该技术由美国学者 Mullis K B 和 Saiki R K 等于 1985 年首创，在现代生物学及其相关领域中被广泛应用。

### 1. 聚合酶链式反应的基本原理

聚合酶链式反应的原理是将双链 DNA 分子在临近沸点的温度下加热分离成两条单链 DNA 分子，DNA 聚合酶以单链 DNA 为模板并利用反应混合物中的 4 种脱氧核苷三磷酸合成新生的 DNA 互补链。

PCR 反应中的模板 DNA 既可以是基因组 DNA 上的某个基因或基因片段，也可以是 mRNA 反转录产生的 cDNA 链；PCR 反应中使用的 DNA 聚合酶具有很好的耐高温性。除此之外，PCR 反应需要一对寡核苷酸引物启动 DNA 聚合酶合成新链。

### 2. 聚合酶链式反应的步骤

一般的聚合酶链式反应由 20～35 个循环组成，每个循环包括以下 3 个步骤。

1）变性：模板双链 DNA 在高温（93～98℃）加热下，互补碱基之间的氢键被破坏，双链解开成单链 DNA 分子。

2）退火：当模板 DNA 双链分离后，降低温度使引物与模板 DNA 单链的特定序列从 5′至 3′方向互补结合，产生双链区。

3）延伸：在合适的温度下，DNA 聚合酶从引物结合处延 5′至 3′方向中加入游离的 dNTPs 来合成与 DNA 模板链互补的新 DNA 链。

在最佳条件下，在每个延伸步骤中目的片段数目加倍，原始模板链加上所有新生成的链变成用于下一轮延伸的模板链。随着循环反应，目的片段呈指数扩增。

### 3. 聚合酶链式反应产物的检测

扩增结束后，可通过琼脂糖凝胶电泳使扩增产物分离，使用紫外照射仪检测目的条带（图6-3）。

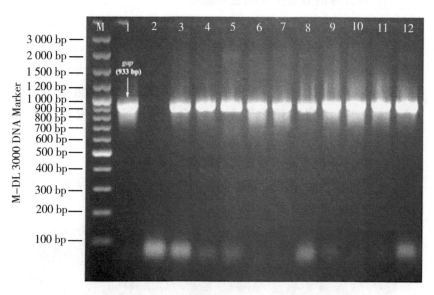

1—阳性对照扩增结果；2—阴性对照；3~12—阳性样本扩增结果。

**图6-3 凝胶电泳结果示意图**

### 4. 聚合酶链式反应的优缺点

聚合酶链式反应具有特异性高、灵敏度高、快速简便、重复性好和样本纯度要求低等优点。聚合酶链式反应在临床诊断中还存在一些缺陷，主要是结果易出现假阳性现象、假阴性现象等问题。

## （二）环介导的等温扩增技术

环介导的等温扩增（Loop–mediated isothermal amplification，LAMP）技术是 2000 年由日本研究人员发明的一种新型的体外等温扩增特异核酸片段的技术。

### 1. 环介导的等温扩增的基本原理

环介导的等温扩增技术是针对目的基因的 6 个区域设计 4 种特异引物，在链置换 DNA 聚合酶的作用下于 60~65 ℃恒温扩增，在 15~60 分钟将靶基因扩增至 $10^9$~$10^{10}$ 倍。在 DNA 合成时，从脱氧核糖核酸三磷酸底物中析出的焦磷酸离子与反应溶液中的镁离子反应，产生大量焦磷酸镁白色沉淀，因此可用肉眼鉴定扩增与否。

### 2. 环介导的等温扩增产物的检测（图 6-4）

浊度检测：只要用肉眼观察或浊度仪在 400 纳米光下检测浊度就能够判断扩增与否（图 6-4A）。

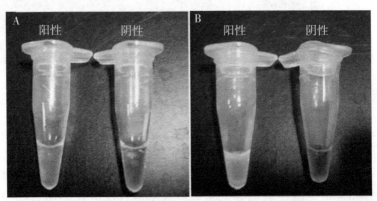

**图 6-4　环介导的等温扩增反应结果判定示意图**

注：A 为浊度检测，B 为荧光检测。

荧光检测：在体系中加入 SYBR Green Ⅰ荧光染料，当它与

DNA 双链结合时，肉眼观察荧光染料由橘黄色变为绿色，紫外线下可以发出荧光（图 6-4B）。

### 3. 环介导的等温扩增技术的优缺点

（1）优点

灵敏度高：环介导的等温扩增技术一般能检测到比 PCR 低 10 倍的拷贝数。

特异性强：通过 4 对引物与靶序列上的 6 个特异部位准确结合来产生扩增效应，因此能获得比 PCR 更高的特异性，相应的是，其也易产生假阳性结果。

速度快：30~60 分钟即可完成反应。

设备简单：不需要昂贵的 PCR 仪，只需一个简单的恒温器。

产物检测便捷：能通过肉眼判断反应结果。

（2）缺点

引物设计难度较大、极易受到污染。

## （三）实时荧光定量 PCR 技术

实时荧光定量 PCR 技术（Real-time quantitative PCR）于 1996 年由美国应用生物系统公司推出，利用带荧光检测的 PCR 仪对整个 PCR 扩增过程中产生的 DNA 累积速率绘制动态变化图，消除了在测定终端产物丰度时有较大变异系数的问题。

### 1. 实时荧光定量 PCR 技术的原理

在反应体系中加入荧光基团，荧光基团发出的荧光信号随着反应的进行而不断积累，经过几轮 PCR 循环反应，定量 PCR 仪收集荧光强度信号，通过荧光强度变化检测产物量的变化，从而得到许多条目的荧光扩增曲线。在荧光信号指数扩增阶段，PCR 产物收集的荧光信号的对数值与起始模板量之间存在对应的线性关系，可以在这个阶段进行定量分析。

实时荧光定量 PCR 对于反应模板的定量主要分为绝对定量和相对定量两种。绝对定量是指用已知的标准曲线来推算未知的样品量。相对定量是在一定样品中目标序列相对于另一参照样品量的变化。

### 2. 实时荧光定量 PCR 技术的分类

根据所使用的荧光化学物质的不同，实时荧光定量 PCR 主要分为两类：非专一性化学物通常是与 DNA 结合的荧光染料；目标专一性化学物使用荧光探针。荧光探针又可分为水解探针、双杂交探针、分子信标和复合探针。荧光染料目前主要是以 SYBR Green Ⅰ 为主的一种扩增序列非特异性的检测方法。以下主要介绍最常使用的水解探针和 SYBR Green Ⅰ 的检测方法。

（1）水解探针法

以 TaqMan 探针为代表的水解探针，又叫外切核酸酶探针，具有高度特异性。在 TagMan 探针法的定量 PCR 反应体系中，包括一对 PCR 引物和一条探针。探针只与模板特异性地结合，其结合位点在两条引物之间。探针的 5′端标记有报告基团，3′端标记有荧光淬灭基团。当探针完整时，报告基团所发射的荧光能量被淬灭基团吸收，仪器检测不到信号。随着 PCR 的进行，$Taq$ 酶在链延伸过程中遇到与模板结合的探针，其 3′→5′外切核酸酶活性就会将探针切断，使报告基团远离淬灭基团，此时报告基团发射的荧光能量不再被吸收，即产生荧光信号。所以，每经过一个 PCR 循环，荧光信号也和目的片段一样，有一个同步指数增长的过程。信号强度代表了模板 DNA 的拷贝数。水解探针技术是目前病原体核酸检测商品化试剂中比较常用的技术。

（2）SYBR 荧光染料法

SYBR 是一种特异的结合 DNA 双螺旋结构中小沟的双链 DNA 的染料，当其与双链 DNA 结合后能发出荧光信号，而不与双链

DNA 结合的 SYBR Green Ⅰ染料不会发出荧光。该法可使荧光信号的强度与 PCR 扩增产物的增加同步。

### 3. 实时荧光定量 PCR 技术的优缺点

（1）优点

准确性高：使用专一性探针，保证只有正确的扩增产物才能产生荧光信号，避免了假阳性污染，提高了临床诊断的准确性。

重复性好：反应与检测环境全部封闭，避免污染。

（2）缺点

不能检测扩增产物的大小；成本比较高，相较于传统 PCR 普及率低，且较难普及。

## （四）原位杂交技术

原位杂交是核酸分子杂交的一部分，是将组织化学与分子生物学技术相结合来检测和定位核酸的技术。核酸原位杂交技术最早被应用于 20 世纪 60 年代末期，到 80 年代中后期开始在常规福尔马林固定、石蜡包埋的组织切片中进行简便易行的原位杂交。

### 1. 原位杂交技术的原理

该技术用标记了的已知序列的核苷酸片段作为探针，通过杂交直接在组织切片、细胞涂片、培养细胞爬片上检测和定位某一特定的靶核苷酸（DNA 或 RNA）的存在。核酸原位杂交的生物化学基础是核酸的变性、复性和碱基互补配对结合。根据所选用的探针和待检测靶序列的不同，核酸原位杂交有 DNA-DNA 杂交、DNA-RNA 杂交和 RNA-RNA 杂交等。

原位杂交的试验材料可以是常规石蜡包埋组织切片、冰冻组织切片、细胞涂片、培养细胞爬片等。原位杂交的主要程序有：杂交前准备、预处理、变性和杂交、杂交后清洗和杂交体的检测等。

### 2. 核酸原位杂交技术的优缺点

（1）优点

既具有分子杂交技术特异性强、灵敏度高的特点，又具有组织细胞化学染色的可见性。

可用于前瞻性和回顾性研究实验材料，可以是新鲜组织也可以是石蜡包埋组织。

所用标本量少，可用活体穿刺和细胞涂片标本进行检测。

（2）缺点

重复性差，探针易被污染，操作复杂。

# 第七章

# 预防与控制

## 一、衣原体病预防

### （一）动物衣原体病的预防措施

由于本病是一种广泛传播的自然疫源性疫病，饲养场必须采取综合性的防制措施，首先要建立生物安全体系。控制好饲养环境，防止环境被病原污染；实行科学的饲养管理，消除一切应激因素，包括建立严格的兽医卫生消毒制度，定期对环境、厩舍、圈栏、场地进行消毒；规模化饲养场要实行"全进全出"的封闭的饲养体系，只准许饲养一种动物，杜绝其他动物进入饲养场。

饲养场要坚持杀灭各种吸血昆虫，消灭鼠类，防止鸟类和野生动物的侵袭，以控制带入传染源，消灭传播媒介，切断传播途径，可有效地防止本病的传播与发生。

引进种畜禽和鸟类要严格隔离检疫（用血清学方法），防止种群带入病原。饲养场要建立疫情监测制度，发现可疑病例要及时检疫，以消除隐性传染源。加强对饲养场工作人员的卫生管理，定期进行医学检验，必要时可服用抗生素类药物予以防治。

药物预防：平时及发病期间在按每吨料中添加抗生素可预防本病。

发生疫情时及时确诊，隔离患病动物进行治疗；全群检疫，阳性动物和患病动物不能做种用，全部淘汰处理；假定健康动物进行药物预防或紧急接种灭活菌苗；严格消毒，并加强生物安全措施，特别是粪便与污物要经消毒后做堆积发酵处理；饲养场工作人员接触动物要注意自身防护，并服用抗生素予以预防；动物不准出售上市流动。

## （二）人衣原体病的预防

医护人员、实验室工作者要注意自身的防护，在接触病人和衣原体标本，做试验时必须戴口罩和手套，穿工作服，并注意洗手消毒。

动物饲养人员和养鸟者在清扫动物舍和鸟笼、清理粪便和污物时，应戴口罩和手套、穿工作服；屠宰厂的工作人员在宰杀动物及清洗动物时，应戴口罩和手套、穿工作服，并注意洗手消毒，以防感染。

动物饲养场的工作人员、屠宰加工人员，以及实验室人员和医务人员应定期进行血清学检查，并有计划地进行药物预防。

工作环境要坚持经常用氯制剂、碘制剂等消毒药品消毒，保持室内清洁卫生，通风干燥。

少接触动物与鸟类，特别是儿童与孕妇。家庭养的犬与猫要定期进行检测，发现隐性感染动物应立即淘汰，防止威胁人的健康。

## （三）疫苗应用

### 1. 国内现有疫苗种类

国内现有疫苗种类为胎膜疫苗。以衣原体性流产的胎膜制成悬液，甲醛灭活后，用明矾沉淀制成疫苗；鸡胚卵黄囊膜粗制疫苗鸡胚卵黄囊纯化疫苗。这是目前常用的方法。将感染鸡胚卵黄囊膜以 pH 值 7.2~7.6 的磷酸盐缓冲液（PBS）制成 10%~20% 悬液，加甲醛 0.1%~0.2%乳化。再进一步纯化制成疫苗；减毒活疫苗。1965 年，Mitscherlich 用羊胎膜疫苗分离株在鸡胚上移植 54 代后制成疫苗；细胞培养疫苗，1987 年 Wilsd 等用经鸡胚致弱的猫肺炎菌株为种毒，以鸡成纤维细胞（McCoy）细胞培养，制成冻干疫苗。

**2. 猪衣原体病灭活菌苗免疫程序**

繁殖母猪于配种前后一个月，每头皮下注射 2 毫升，每年 1 次，连续注射 2~3 年。种公猪每头皮下注射 2 毫升，每年免疫 1 次。

**3. 羊衣原体病灭活菌苗免疫程序**

妊娠和未妊娠母羊，在配种前或配种后 1 个月注射，每只皮下注射 3 毫升。免疫期绵羊为 2 年，山羊为 7 个月。

# 二、衣原体病治疗

## （一）动物衣原体病的治疗

猪衣原体病可选用大环内酯类和四环素类等抗生素进行治疗，牛衣原体病可选用大环内酯类、四环素类及磺胺类药物等进行治疗，羊衣原体病可选用青霉素类、四环素类和磺胺类药物进行治疗，禽衣原体病可选用四环素类、大环内酯类等药物进行治疗。

其他动物衣原体病的治疗可参照上述治疗方法实施。在实施抗菌疗法的同时，应配合对症治疗方可收到良好的疗效。

## （二）人衣原体病的治疗

可选用大环内酯类抗生素进行治疗，同时配合对症治疗，方可收到良好的疗效。

# 三、公共卫生与生物安全

## （一）公共卫生

衣原体分为沙眼衣原体、鹦鹉热衣原体、肺炎衣原体和家畜衣原体。其中，鹦鹉热衣原体所致动物疫病范围很广，而在人身上迄今只发现能引起两种鹦鹉热和 Reiter 综合征。

鹦鹉热：人类鹦鹉热是一种急性传染病，以发热、头痛、肌痛和以阵发性咳嗽为主要表现的间质性肺炎。本病多发生于职业性（如家禽加工和饲养者）或非职业性但与病鸟有接触的成人，主要经飞沫传染，儿童有时也可感染发病。已发生感染的鸟类，其血液、组织、呼吸道及泄殖腔分泌物都含有衣原体。人类血液中如长期存在支原体，有时也能引起广泛散播，侵犯心肌、心包、脑实质、脑膜及肝脏。

Reiter 综合征：主要发生于成年男性，年龄多为 20~40 岁，病情数月至数年内由极期而渐趋减弱。虽然可从滑液、尿道和结膜分泌物里分离到衣原体，血清学研究也证明衣原体感染和 Reiter 综合征有密切关系，但人类感染人类支原体和志贺氏菌属细菌后也可出现相似的综合征。

## （二）生物安全

按照《病原微生物实验室生物安全管理条例》和《一、二、三类动物疫病病种名录》规定，鹦鹉热衣原体病危害程度为第三类，实验活动所需实验室生物安全级别分别为：病原分离培养 BSL-2、动物感染实验 ABSL-2、未经培养的感染性材料实验

BSL-2、灭活材料实验 BSL-1。航空运输动物病原微生物、病料按 UN2814 要求，通过其他交通工具运输动物病原微生物和病料的，按照《高致病性动物病原微生物菌（毒）种或者样本运输包装规范》进行包装和运输。

# 附　录

## 法规与技术规范

## 附录一　中华人民共和国动物防疫法

（1997 年 7 月 3 日第八届全国人民代表大会常务委员会第二十六次会议通过　2007 年 8 月 30 日第十届全国人民代表大会常务委员会第二十九次会议第一次修订　根据 2013 年 6 月 29 日第十二届全国人民代表大会常务委员会第三次会议《关于修改〈中华人民共和国文物保护法〉等十二部法律的决定》第一次修正　根据 2015 年 4 月 24 日第十二届全国人民代表大会常务委员会第十四次会议《关于修改〈中华人民共和国电力法〉等六部法律的决定》第二次修正　2021 年 1 月 22 日第十三届全国人民代表大会常务委员会第二十五次会议第二次修订）

# 目 录

# 第一章　总　则

**第一条**　为了加强对动物防疫活动的管理，预防、控制、净化、消灭动物疫病，促进养殖业发展，防控人畜共患传染病，保障公共卫生安全和人体健康，制定本法。

**第二条**　本法适用于在中华人民共和国领域内的动物防疫及其监督管理活动。

进出境动物、动物产品的检疫，适用《中华人民共和国进出境动植物检疫法》。

**第三条**　本法所称动物，是指家畜家禽和人工饲养、捕获的其他动物。

本法所称动物产品，是指动物的肉、生皮、原毛、绒、脏器、脂、血液、精液、卵、胚胎、骨、蹄、头、角、筋，以及可能传播动物疫病的奶、蛋等。

本法所称动物疫病，是指动物传染病，包括寄生虫病。

本法所称动物防疫，是指动物疫病的预防、控制、诊疗、净化、消灭和动物、动物产品的检疫，以及病死动物、病害动物产品的无害化处理。

**第四条**　根据动物疫病对养殖业生产和人体健康的危害程度，本法规定的动物疫病分为下列三类：

（一）一类疫病，是指口蹄疫、非洲猪瘟、高致病性禽流感等对人、动物构成特别严重危害，可能造成重大经济损失和社会影响，需要采取紧急、严厉的强制预防、控制等措施的；

（二）二类疫病，是指狂犬病、布鲁氏菌病、草鱼出血病等对人、动物构成严重危害，可能造成较大经济损失和社会影响，需

要采取严格预防、控制等措施的;

（三）三类疫病，是指大肠杆菌病、禽结核病、鳖腮腺炎病等常见多发，对人、动物构成危害，可能造成一定程度的经济损失和社会影响，需要及时预防、控制的。

前款一、二、三类动物疫病具体病种名录由国务院农业农村主管部门制定并公布。国务院农业农村主管部门应当根据动物疫病发生、流行情况和危害程度，及时增加、减少或者调整一、二、三类动物疫病具体病种并予以公布。

人畜共患传染病名录由国务院农业农村主管部门会同国务院卫生健康、野生动物保护等主管部门制定并公布。

**第五条** 动物防疫实行预防为主，预防与控制、净化、消灭相结合的方针。

**第六条** 国家鼓励社会力量参与动物防疫工作。各级人民政府采取措施，支持单位和个人参与动物防疫的宣传教育、疫情报告、志愿服务和捐赠等活动。

**第七条** 从事动物饲养、屠宰、经营、隔离、运输以及动物产品生产、经营、加工、贮藏等活动的单位和个人，依照本法和国务院农业农村主管部门的规定，做好免疫、消毒、检测、隔离、净化、消灭、无害化处理等动物防疫工作，承担动物防疫相关责任。

**第八条** 县级以上人民政府对动物防疫工作实行统一领导，采取有效措施稳定基层机构队伍，加强动物防疫队伍建设，建立健全动物防疫体系，制定并组织实施动物疫病防治规划。

乡级人民政府、街道办事处组织群众做好本辖区的动物疫病预防与控制工作，村民委员会、居民委员会予以协助。

**第九条** 国务院农业农村主管部门主管全国的动物防疫工作。县级以上地方人民政府农业农村主管部门主管本行政区域的动物防疫工作。

县级以上人民政府其他有关部门在各自职责范围内做好动物防疫工作。

军队动物卫生监督职能部门负责军队现役动物和饲养自用动物的防疫工作。

**第十条**　县级以上人民政府卫生健康主管部门和本级人民政府农业农村、野生动物保护等主管部门应当建立人畜共患传染病防治的协作机制。

国务院农业农村主管部门和海关总署等部门应当建立防止境外动物疫病输入的协作机制。

**第十一条**　县级以上地方人民政府的动物卫生监督机构依照本法规定，负责动物、动物产品的检疫工作。

**第十二条**　县级以上人民政府按照国务院的规定，根据统筹规划、合理布局、综合设置的原则建立动物疫病预防控制机构。

动物疫病预防控制机构承担动物疫病的监测、检测、诊断、流行病学调查、疫情报告以及其他预防、控制等技术工作；承担动物疫病净化、消灭的技术工作。

**第十三条**　国家鼓励和支持开展动物疫病的科学研究以及国际合作与交流，推广先进适用的科学研究成果，提高动物疫病防治的科学技术水平。

各级人民政府和有关部门、新闻媒体，应当加强对动物防疫法律法规和动物防疫知识的宣传。

**第十四条**　对在动物防疫工作、相关科学研究、动物疫情扑灭中做出贡献的单位和个人，各级人民政府和有关部门按照国家有关规定给予表彰、奖励。

有关单位应当依法为动物防疫人员缴纳工伤保险费。对因参与动物防疫工作致病、致残、死亡的人员，按照国家有关规定给予补助或者抚恤。

# 第二章　动物疫病的预防

**第十五条**　国家建立动物疫病风险评估制度。

国务院农业农村主管部门根据国内外动物疫情以及保护养殖业生产和人体健康的需要，及时会同国务院卫生健康等有关部门对动物疫病进行风险评估，并制定、公布动物疫病预防、控制、净化、消灭措施和技术规范。

省、自治区、直辖市人民政府农业农村主管部门会同本级人民政府卫生健康等有关部门开展本行政区域的动物疫病风险评估，并落实动物疫病预防、控制、净化、消灭措施。

**第十六条**　国家对严重危害养殖业生产和人体健康的动物疫病实施强制免疫。

国务院农业农村主管部门确定强制免疫的动物疫病病种和区域。

省、自治区、直辖市人民政府农业农村主管部门制定本行政区域的强制免疫计划；根据本行政区域动物疫病流行情况增加实施强制免疫的动物疫病病种和区域，报本级人民政府批准后执行，并报国务院农业农村主管部门备案。

**第十七条**　饲养动物的单位和个人应当履行动物疫病强制免疫义务，按照强制免疫计划和技术规范，对动物实施免疫接种，并按照国家有关规定建立免疫档案、加施畜禽标识，保证可追溯。

实施强制免疫接种的动物未达到免疫质量要求，实施补充免疫接种后仍不符合免疫质量要求的，有关单位和个人应当按照国家有关规定处理。

用于预防接种的疫苗应当符合国家质量标准。

**第十八条**  县级以上地方人民政府农业农村主管部门负责组织实施动物疫病强制免疫计划，并对饲养动物的单位和个人履行强制免疫义务的情况进行监督检查。

乡级人民政府、街道办事处组织本辖区饲养动物的单位和个人做好强制免疫，协助做好监督检查；村民委员会、居民委员会协助做好相关工作。

县级以上地方人民政府农业农村主管部门应当定期对本行政区域的强制免疫计划实施情况和效果进行评估，并向社会公布评估结果。

**第十九条**  国家实行动物疫病监测和疫情预警制度。

县级以上人民政府建立健全动物疫病监测网络，加强动物疫病监测。

国务院农业农村主管部门会同国务院有关部门制定国家动物疫病监测计划。省、自治区、直辖市人民政府农业农村主管部门根据国家动物疫病监测计划，制定本行政区域的动物疫病监测计划。

动物疫病预防控制机构按照国务院农业农村主管部门的规定和动物疫病监测计划，对动物疫病的发生、流行等情况进行监测；从事动物饲养、屠宰、经营、隔离、运输以及动物产品生产、经营、加工、贮藏、无害化处理等活动的单位和个人不得拒绝或者阻碍。

国务院农业农村主管部门和省、自治区、直辖市人民政府农业农村主管部门根据对动物疫病发生、流行趋势的预测，及时发出动物疫情预警。地方各级人民政府接到动物疫情预警后，应当及时采取预防、控制措施。

**第二十条**  陆路边境省、自治区人民政府根据动物疫病防控需要，合理设置动物疫病监测站点，健全监测工作机制，防范境外动物疫病传入。

科技、海关等部门按照本法和有关法律法规的规定做好动物疫病监测预警工作，并定期与农业农村主管部门互通情况，紧急情况及时通报。

县级以上人民政府应当完善野生动物疫源疫病监测体系和工作机制，根据需要合理布局监测站点；野生动物保护、农业农村主管部门按照职责分工做好野生动物疫源疫病监测等工作，并定期互通情况，紧急情况及时通报。

**第二十一条**　国家支持地方建立无规定动物疫病区，鼓励动物饲养场建设无规定动物疫病生物安全隔离区。对符合国务院农业农村主管部门规定标准的无规定动物疫病区和无规定动物疫病生物安全隔离区，国务院农业农村主管部门验收合格予以公布，并对其维持情况进行监督检查。

省、自治区、直辖市人民政府制定并组织实施本行政区域的无规定动物疫病区建设方案。国务院农业农村主管部门指导跨省、自治区、直辖市无规定动物疫病区建设。

国务院农业农村主管部门根据行政区划、养殖屠宰产业布局、风险评估情况等对动物疫病实施分区防控，可以采取禁止或者限制特定动物、动物产品跨区域调运等措施。

**第二十二条**　国务院农业农村主管部门制定并组织实施动物疫病净化、消灭规划。

县级以上地方人民政府根据动物疫病净化、消灭规划，制定并组织实施本行政区域的动物疫病净化、消灭计划。

动物疫病预防控制机构按照动物疫病净化、消灭规划、计划，开展动物疫病净化技术指导、培训，对动物疫病净化效果进行监测、评估。

国家推进动物疫病净化，鼓励和支持饲养动物的单位和个人开展动物疫病净化。饲养动物的单位和个人达到国务院农业农村主管部门规定的净化标准的，由省级以上人民政府农业农村主管部门予以公布。

**第二十三条** 种用、乳用动物应当符合国务院农业农村主管部门规定的健康标准。

饲养种用、乳用动物的单位和个人，应当按照国务院农业农村主管部门的要求，定期开展动物疫病检测；检测不合格的，应当按照国家有关规定处理。

**第二十四条** 动物饲养场和隔离场所、动物屠宰加工场所以及动物和动物产品无害化处理场所，应当符合下列动物防疫条件：

（一）场所的位置与居民生活区、生活饮用水水源地、学校、医院等公共场所的距离符合国务院农业农村主管部门的规定；

（二）生产经营区域封闭隔离，工程设计和有关流程符合动物防疫要求；

（三）有与其规模相适应的污水、污物处理设施，病死动物、病害动物产品无害化处理设施设备或者冷藏冷冻设施设备，以及清洗消毒设施设备；

（四）有与其规模相适应的执业兽医或者动物防疫技术人员；

（五）有完善的隔离消毒、购销台账、日常巡查等动物防疫制度；

（六）具备国务院农业农村主管部门规定的其他动物防疫条件。

动物和动物产品无害化处理场所除应当符合前款规定的条件外，还应当具有病原检测设备、检测能力和符合动物防疫要求的专用运输车辆。

**第二十五条** 国家实行动物防疫条件审查制度。

开办动物饲养场和隔离场所、动物屠宰加工场所以及动物和动物产品无害化处理场所，应当向县级以上地方人民政府农业农村主管部门提出申请，并附具相关材料。受理申请的农业农村主管部门应当依照本法和《中华人民共和国行政许可法》的规定进行审查。经审查合格的，发给动物防疫条件合格证；不合格的，应当通知申请人并说明理由。

动物防疫条件合格证应当载明申请人的名称（姓名）、场（厂）址、动物（动物产品）种类等事项。

第二十六条　经营动物、动物产品的集贸市场应当具备国务院农业农村主管部门规定的动物防疫条件，并接受农业农村主管部门的监督检查。具体办法由国务院农业农村主管部门制定。

县级以上地方人民政府应当根据本地情况，决定在城市特定区域禁止家畜家禽活体交易。

第二十七条　动物、动物产品的运载工具、垫料、包装物、容器等应当符合国务院农业农村主管部门规定的动物防疫要求。

染疫动物及其排泄物、染疫动物产品，运载工具中的动物排泄物以及垫料、包装物、容器等被污染的物品，应当按照国家有关规定处理，不得随意处置。

第二十八条　采集、保存、运输动物病料或者病原微生物以及从事病原微生物研究、教学、检测、诊断等活动，应当遵守国家有关病原微生物实验室管理的规定。

第二十九条　禁止屠宰、经营、运输下列动物和生产、经营、加工、贮藏、运输下列动物产品：

（一）封锁疫区内与所发生动物疫病有关的；

（二）疫区内易感染的；

（三）依法应当检疫而未经检疫或者检疫不合格的；

（四）染疫或者疑似染疫的；

（五）病死或者死因不明的；

（六）其他不符合国务院农业农村主管部门有关动物防疫规定的。

因实施集中无害化处理需要暂存、运输动物和动物产品并按照规定采取防疫措施的，不适用前款规定。

**第三十条** 单位和个人饲养犬只，应当按照规定定期免疫接种狂犬病疫苗，凭动物诊疗机构出具的免疫证明向所在地养犬登记机关申请登记。

携带犬只出户的，应当按照规定佩戴犬牌并采取系犬绳等措施，防止犬只伤人、疫病传播。

街道办事处、乡级人民政府组织协调居民委员会、村民委员会，做好本辖区流浪犬、猫的控制和处置，防止疫病传播。

县级人民政府和乡级人民政府、街道办事处应当结合本地实际，做好农村地区饲养犬只的防疫管理工作。

饲养犬只防疫管理的具体办法，由省、自治区、直辖市制定。

# 第三章　动物疫情的报告、通报和公布

**第三十一条** 从事动物疫病监测、检测、检验检疫、研究、诊疗以及动物饲养、屠宰、经营、隔离、运输等活动的单位和个人，发现动物染疫或者疑似染疫的，应当立即向所在地农业农村主管部门或者动物疫病预防控制机构报告，并迅速采取隔离等控制措施，防止动物疫情扩散。其他单位和个人发现动物染疫或者疑似染疫的，应当及时报告。

接到动物疫情报告的单位，应当及时采取临时隔离控制等必要措施，防止延误防控时机，并及时按照国家规定的程序上报。

第三十二条　动物疫情由县级以上人民政府农业农村主管部门认定；其中重大动物疫情由省、自治区、直辖市人民政府农业农村主管部门认定，必要时报国务院农业农村主管部门认定。

本法所称重大动物疫情，是指一、二、三类动物疫病突然发生，迅速传播，给养殖业生产安全造成严重威胁、危害，以及可能对公众身体健康与生命安全造成危害的情形。

在重大动物疫情报告期间，必要时，所在地县级以上地方人民政府可以作出封锁决定并采取扑杀、销毁等措施。

第三十三条　国家实行动物疫情通报制度。

国务院农业农村主管部门应当及时向国务院卫生健康等有关部门和军队有关部门以及省、自治区、直辖市人民政府农业农村主管部门通报重大动物疫情的发生和处置情况。

海关发现进出境动物和动物产品染疫或者疑似染疫的，应当及时处置并向农业农村主管部门通报。

县级以上地方人民政府野生动物保护主管部门发现野生动物染疫或者疑似染疫的，应当及时处置并向本级人民政府农业农村主管部门通报。

国务院农业农村主管部门应当依照我国缔结或者参加的条约、协定，及时向有关国际组织或者贸易方通报重大动物疫情的发生和处置情况。

第三十四条　发生人畜共患传染病疫情时，县级以上人民政府农业农村主管部门与本级人民政府卫生健康、野生动物保护等主管部门应当及时相互通报。

发生人畜共患传染病时，卫生健康主管部门应当对疫区易感染的人群进行监测，并应当依照《中华人民共和国传染病防治法》的规定及时公布疫情，采取相应的预防、控制措施。

第三十五条　患有人畜共患传染病的人员不得直接从事动物

疫病监测、检测、检验检疫、诊疗以及易感染动物的饲养、屠宰、经营、隔离、运输等活动。

第三十六条 国务院农业农村主管部门向社会及时公布全国动物疫情，也可以根据需要授权省、自治区、直辖市人民政府农业农村主管部门公布本行政区域的动物疫情。其他单位和个人不得发布动物疫情。

第三十七条 任何单位和个人不得瞒报、谎报、迟报、漏报动物疫情，不得授意他人瞒报、谎报、迟报动物疫情，不得阻碍他人报告动物疫情。

# 第四章 动物疫病的控制

第三十八条 发生一类动物疫病时，应当采取下列控制措施：

（一）所在地县级以上地方人民政府农业农村主管部门应当立即派人到现场，划定疫点、疫区、受威胁区，调查疫源，及时报请本级人民政府对疫区实行封锁。疫区范围涉及两个以上行政区域的，由有关行政区域共同的上一级人民政府对疫区实行封锁，或者由各有关行政区域的上一级人民政府共同对疫区实行封锁。必要时，上级人民政府可以责成下级人民政府对疫区实行封锁；

（二）县级以上地方人民政府应当立即组织有关部门和单位采取封锁、隔离、扑杀、销毁、消毒、无害化处理、紧急免疫接种等强制性措施；

（三）在封锁期间，禁止染疫、疑似染疫和易感染的动物、动物产品流出疫区，禁止非疫区的易感染动物进入疫区，并根据需要对出入疫区的人员、运输工具及有关物品采取消毒和其他限制性措施。

**第三十九条** 发生二类动物疫病时，应当采取下列控制措施：

（一）所在地县级以上地方人民政府农业农村主管部门应当划定疫点、疫区、受威胁区；

（二）县级以上地方人民政府根据需要组织有关部门和单位采取隔离、扑杀、销毁、消毒、无害化处理、紧急免疫接种、限制易感染的动物和动物产品及有关物品出入等措施。

**第四十条** 疫点、疫区、受威胁区的撤销和疫区封锁的解除，按照国务院农业农村主管部门规定的标准和程序评估后，由原决定机关决定并宣布。

**第四十一条** 发生三类动物疫病时，所在地县级、乡级人民政府应当按照国务院农业农村主管部门的规定组织防治。

**第四十二条** 二、三类动物疫病呈暴发性流行时，按照一类动物疫病处理。

**第四十三条** 疫区内有关单位和个人，应当遵守县级以上人民政府及其农业农村主管部门依法作出的有关控制动物疫病的规定。

任何单位和个人不得藏匿、转移、盗掘已被依法隔离、封存、处理的动物和动物产品。

**第四十四条** 发生动物疫情时，航空、铁路、道路、水路运输企业应当优先组织运送防疫人员和物资。

**第四十五条** 国务院农业农村主管部门根据动物疫病的性质、特点和可能造成的社会危害，制定国家重大动物疫情应急预案报国务院批准，并按照不同动物疫病病种、流行特点和危害程度，分别制定实施方案。

县级以上地方人民政府根据上级重大动物疫情应急预案和本地区的实际情况，制定本行政区域的重大动物疫情应急预案，报上一级人民政府农业农村主管部门备案，并抄送上一级人民政府应急管理部门。县级以上地方人民政府农业农村主管部门按照不同动物疫病病种、流行特点和危害程度，分别制定实施方案。

重大动物疫情应急预案和实施方案根据疫情状况及时调整。

**第四十六条** 发生重大动物疫情时，国务院农业农村主管部门负责划定动物疫病风险区，禁止或者限制特定动物、动物产品由高风险区向低风险区调运。

**第四十七条** 发生重大动物疫情时，依照法律和国务院的规定以及应急预案采取应急处置措施。

# 第五章 动物和动物产品的检疫

**第四十八条** 动物卫生监督机构依照本法和国务院农业农村主管部门的规定对动物、动物产品实施检疫。

动物卫生监督机构的官方兽医具体实施动物、动物产品检疫。

**第四十九条** 屠宰、出售或者运输动物以及出售或者运输动物产品前，货主应当按照国务院农业农村主管部门的规定向所在地动物卫生监督机构申报检疫。

动物卫生监督机构接到检疫申报后，应当及时指派官方兽医对动物、动物产品实施检疫；检疫合格的，出具检疫证明、加施检疫标志。实施检疫的官方兽医应当在检疫证明、检疫标志上签字或者盖章，并对检疫结论负责。

动物饲养场、屠宰企业的执业兽医或者动物防疫技术人员，应当协助官方兽医实施检疫。

**第五十条** 因科研、药用、展示等特殊情形需要非食用性利用的野生动物，应当按照国家有关规定报动物卫生监督机构检疫，检疫合格的，方可利用。

人工捕获的野生动物，应当按照国家有关规定报捕获地动物卫生监督机构检疫，检疫合格的，方可饲养、经营和运输。

国务院农业农村主管部门会同国务院野生动物保护主管部门制定野生动物检疫办法。

**第五十一条**　屠宰、经营、运输的动物，以及用于科研、展示、演出和比赛等非食用性利用的动物，应当附有检疫证明；经营和运输的动物产品，应当附有检疫证明、检疫标志。

**第五十二条**　经航空、铁路、道路、水路运输动物和动物产品的，托运人托运时应当提供检疫证明；没有检疫证明的，承运人不得承运。

进出口动物和动物产品，承运人凭进口报关单证或者海关签发的检疫单证运递。

从事动物运输的单位、个人以及车辆，应当向所在地县级人民政府农业农村主管部门备案，妥善保存行程路线和托运人提供的动物名称、检疫证明编号、数量等信息。具体办法由国务院农业农村主管部门制定。

运载工具在装载前和卸载后应当及时清洗、消毒。

**第五十三条**　省、自治区、直辖市人民政府确定并公布道路运输的动物进入本行政区域的指定通道，设置引导标志。跨省、自治区、直辖市通过道路运输动物的，应当经省、自治区、直辖市人民政府设立的指定通道入省境或者过省境。

**第五十四条**　输入到无规定动物疫病区的动物、动物产品，货主应当按照国务院农业农村主管部门的规定向无规定动物疫病区所在地动物卫生监督机构申报检疫，经检疫合格的，方可进入。

**第五十五条**　跨省、自治区、直辖市引进的种用、乳用动物到达输入地后，货主应当按照国务院农业农村主管部门的规定对引进的种用、乳用动物进行隔离观察。

**第五十六条** 经检疫不合格的动物、动物产品，货主应当在农业农村主管部门的监督下按照国家有关规定处理，处理费用由货主承担。

# 第六章 病死动物和病害动物产品的无害化处理

**第五十七条** 从事动物饲养、屠宰、经营、隔离以及动物产品生产、经营、加工、贮藏等活动的单位和个人，应当按照国家有关规定做好病死动物、病害动物产品的无害化处理，或者委托动物和动物产品无害化处理场所处理。

从事动物、动物产品运输的单位和个人，应当配合做好病死动物和病害动物产品的无害化处理，不得在途中擅自弃置和处理有关动物和动物产品。

任何单位和个人不得买卖、加工、随意弃置病死动物和病害动物产品。

动物和动物产品无害化处理管理办法由国务院农业农村、野生动物保护主管部门按照职责制定。

**第五十八条** 在江河、湖泊、水库等水域发现的死亡畜禽，由所在地县级人民政府组织收集、处理并溯源。

在城市公共场所和乡村发现的死亡畜禽，由所在地街道办事处、乡级人民政府组织收集、处理并溯源。

在野外环境发现的死亡野生动物，由所在地野生动物保护主管部门收集、处理。

**第五十九条** 省、自治区、直辖市人民政府制定动物和动物产品集中无害化处理场所建设规划，建立政府主导、市场运作的无害化处理机制。

**第六十条** 各级财政对病死动物无害化处理提供补助。具体补助标准和办法由县级以上人民政府财政部门会同本级人民政府农业农村、野生动物保护等有关部门制定。

# 第七章 动物诊疗

**第六十一条** 从事动物诊疗活动的机构，应当具备下列条件：

（一）有与动物诊疗活动相适应并符合动物防疫条件的场所；

（二）有与动物诊疗活动相适应的执业兽医；

（三）有与动物诊疗活动相适应的兽医器械和设备；

（四）有完善的管理制度。

动物诊疗机构包括动物医院、动物诊所以及其他提供动物诊疗服务的机构。

**第六十二条** 从事动物诊疗活动的机构，应当向县级以上地方人民政府农业农村主管部门申请动物诊疗许可证。受理申请的农业农村主管部门应当依照本法和《中华人民共和国行政许可法》的规定进行审查。经审查合格的，发给动物诊疗许可证；不合格的，应当通知申请人并说明理由。

**第六十三条** 动物诊疗许可证应当载明诊疗机构名称、诊疗活动范围、从业地点和法定代表人（负责人）等事项。

动物诊疗许可证载明事项变更的，应当申请变更或者换发动物诊疗许可证。

**第六十四条** 动物诊疗机构应当按照国务院农业农村主管部门的规定，做好诊疗活动中的卫生安全防护、消毒、隔离和诊疗废弃物处置等工作。

**第六十五条** 从事动物诊疗活动，应当遵守有关动物诊疗的操作技术规范，使用符合规定的兽药和兽医器械。

兽药和兽医器械的管理办法由国务院规定。

# 第八章 兽医管理

**第六十六条** 国家实行官方兽医任命制度。

官方兽医应当具备国务院农业农村主管部门规定的条件，由省、自治区、直辖市人民政府农业农村主管部门按照程序确认，由所在地县级以上人民政府农业农村主管部门任命。具体办法由国务院农业农村主管部门制定。

海关的官方兽医应当具备规定的条件，由海关总署任命。具体办法由海关总署会同国务院农业农村主管部门制定。

**第六十七条** 官方兽医依法履行动物、动物产品检疫职责，任何单位和个人不得拒绝或者阻碍。

**第六十八条** 县级以上人民政府农业农村主管部门制定官方兽医培训计划，提供培训条件，定期对官方兽医进行培训和考核。

**第六十九条** 国家实行执业兽医资格考试制度。具有兽医相关专业大学专科以上学历的人员或者符合条件的乡村兽医，通过执业兽医资格考试的，由省、自治区、直辖市人民政府农业农村主管部门颁发执业兽医资格证书；从事动物诊疗等经营活动的，还应当向所在地县级人民政府农业农村主管部门备案。

执业兽医资格考试办法由国务院农业农村主管部门商国务院人力资源主管部门制定。

**第七十条** 执业兽医开具兽医处方应当亲自诊断，并对诊断结论负责。

国家鼓励执业兽医接受继续教育。执业兽医所在机构应当支持执业兽医参加继续教育。

第七十一条　乡村兽医可以在乡村从事动物诊疗活动。具体管理办法由国务院农业农村主管部门制定。

第七十二条　执业兽医、乡村兽医应当按照所在地人民政府和农业农村主管部门的要求，参加动物疫病预防、控制和动物疫情扑灭等活动。

第七十三条　兽医行业协会提供兽医信息、技术、培训等服务，维护成员合法权益，按照章程建立健全行业规范和奖惩机制，加强行业自律，推动行业诚信建设，宣传动物防疫和兽医知识。

# 第九章　监督管理

第七十四条　县级以上地方人民政府农业农村主管部门依照本法规定，对动物饲养、屠宰、经营、隔离、运输以及动物产品生产、经营、加工、贮藏、运输等活动中的动物防疫实施监督管理。

第七十五条　为控制动物疫病，县级人民政府农业农村主管部门应当派人在所在地依法设立的现有检查站执行监督检查任务；必要时，经省、自治区、直辖市人民政府批准，可以设立临时性的动物防疫检查站，执行监督检查任务。

第七十六条　县级以上地方人民政府农业农村主管部门执行监督检查任务，可以采取下列措施，有关单位和个人不得拒绝或者阻碍：

（一）对动物、动物产品按照规定采样、留验、抽检；

（二）对染疫或者疑似染疫的动物、动物产品及相关物品进

行隔离、查封、扣押和处理;

(三)对依法应当检疫而未经检疫的动物和动物产品,具备补检条件的实施补检,不具备补检条件的予以收缴销毁;

(四)查验检疫证明、检疫标志和畜禽标识;

(五)进入有关场所调查取证,查阅、复制与动物防疫有关的资料。

县级以上地方人民政府农业农村主管部门根据动物疫病预防、控制需要,经所在地县级以上地方人民政府批准,可以在车站、港口、机场等相关场所派驻官方兽医或者工作人员。

**第七十七条** 执法人员执行动物防疫监督检查任务,应当出示行政执法证件,佩戴统一标志。

县级以上人民政府农业农村主管部门及其工作人员不得从事与动物防疫有关的经营性活动,进行监督检查不得收取任何费用。

**第七十八条** 禁止转让、伪造或者变造检疫证明、检疫标志或者畜禽标识。

禁止持有、使用伪造或者变造的检疫证明、检疫标志或者畜禽标识。

检疫证明、检疫标志的管理办法由国务院农业农村主管部门制定。

# 第十章 保障措施

**第七十九条** 县级以上人民政府应当将动物防疫工作纳入本级国民经济和社会发展规划及年度计划。

**第八十条** 国家鼓励和支持动物防疫领域新技术、新设备、新产品等科学技术研究开发。

第八十一条　县级人民政府应当为动物卫生监督机构配备与动物、动物产品检疫工作相适应的官方兽医，保障检疫工作条件。

县级人民政府农业农村主管部门可以根据动物防疫工作需要，向乡、镇或者特定区域派驻兽医机构或者工作人员。

第八十二条　国家鼓励和支持执业兽医、乡村兽医和动物诊疗机构开展动物防疫和疫病诊疗活动；鼓励养殖企业、兽药及饲料生产企业组建动物防疫服务团队，提供防疫服务。地方人民政府组织村级防疫员参加动物疫病防治工作的，应当保障村级防疫员合理劳务报酬。

第八十三条　县级以上人民政府按照本级政府职责，将动物疫病的监测、预防、控制、净化、消灭，动物、动物产品的检疫和病死动物的无害化处理，以及监督管理所需经费纳入本级预算。

第八十四条　县级以上人民政府应当储备动物疫情应急处置所需的防疫物资。

第八十五条　对在动物疫病预防、控制、净化、消灭过程中强制扑杀的动物、销毁的动物产品和相关物品，县级以上人民政府给予补偿。具体补偿标准和办法由国务院财政部门会同有关部门制定。

第八十六条　对从事动物疫病预防、检疫、监督检查、现场处理疫情以及在工作中接触动物疫病病原体的人员，有关单位按照国家规定，采取有效的卫生防护、医疗保健措施，给予畜牧兽医医疗卫生津贴等相关待遇。

# 第十一章　法律责任

第八十七条　地方各级人民政府及其工作人员未依照本法规

定履行职责的，对直接负责的主管人员和其他直接责任人员依法给予处分。

**第八十八条** 县级以上人民政府农业农村主管部门及其工作人员违反本法规定，有下列行为之一的，由本级人民政府责令改正，通报批评；对直接负责的主管人员和其他直接责任人员依法给予处分：

（一）未及时采取预防、控制、扑灭等措施的；

（二）对不符合条件的颁发动物防疫条件合格证、动物诊疗许可证，或者对符合条件的拒不颁发动物防疫条件合格证、动物诊疗许可证的；

（三）从事与动物防疫有关的经营性活动，或者违法收取费用的；

（四）其他未依照本法规定履行职责的行为。

**第八十九条** 动物卫生监督机构及其工作人员违反本法规定，有下列行为之一的，由本级人民政府或者农业农村主管部门责令改正，通报批评；对直接负责的主管人员和其他直接责任人员依法给予处分：

（一）对未经检疫或者检疫不合格的动物、动物产品出具检疫证明、加施检疫标志，或者对检疫合格的动物、动物产品拒不出具检疫证明、加施检疫标志的；

（二）对附有检疫证明、检疫标志的动物、动物产品重复检疫的；

（三）从事与动物防疫有关的经营性活动，或者违法收取费用的；

（四）其他未依照本法规定履行职责的行为。

**第九十条** 动物疫病预防控制机构及其工作人员违反本法规定，有下列行为之一的，由本级人民政府或者农业农村主管部门责令改正，通报批评；对直接负责的主管人员和其他直接责任人员依法给予处分：

（一）未履行动物疫病监测、检测、评估职责或者伪造监测、检测、评估结果的；

（二）发生动物疫情时未及时进行诊断、调查的；

（三）接到染疫或者疑似染疫报告后，未及时按照国家规定采取措施、上报的；

（四）其他未依照本法规定履行职责的行为。

**第九十一条**　地方各级人民政府、有关部门及其工作人员瞒报、谎报、迟报、漏报或者授意他人瞒报、谎报、迟报动物疫情，或者阻碍他人报告动物疫情的，由上级人民政府或者有关部门责令改正，通报批评；对直接负责的主管人员和其他直接责任人员依法给予处分。

**第九十二条**　违反本法规定，有下列行为之一的，由县级以上地方人民政府农业农村主管部门责令限期改正，可以处一千元以下罚款；逾期不改正的，处一千元以上五千元以下罚款，由县级以上地方人民政府农业农村主管部门委托动物诊疗机构、无害化处理场所等代为处理，所需费用由违法行为人承担：

（一）对饲养的动物未按照动物疫病强制免疫计划或者免疫技术规范实施免疫接种的；

（二）对饲养的种用、乳用动物未按照国务院农业农村主管部门的要求定期开展疫病检测，或者经检测不合格而未按照规定处理的；

（三）对饲养的犬只未按照规定定期进行狂犬病免疫接种的；

（四）动物、动物产品的运载工具在装载前和卸载后未按照规定及时清洗、消毒的。

**第九十三条**　违反本法规定，对经强制免疫的动物未按照规定建立免疫档案，或者未按照规定加施畜禽标识的，依照《中华人民共和国畜牧法》的有关规定处罚。

**第九十四条** 违反本法规定，动物、动物产品的运载工具、垫料、包装物、容器等不符合国务院农业农村主管部门规定的动物防疫要求的，由县级以上地方人民政府农业农村主管部门责令改正，可以处五千元以下罚款；情节严重的，处五千元以上五万元以下罚款。

**第九十五条** 违反本法规定，对染疫动物及其排泄物、染疫动物产品或者被染疫动物、动物产品污染的运载工具、垫料、包装物、容器等未按照规定处置的，由县级以上地方人民政府农业农村主管部门责令限期处理；逾期不处理的，由县级以上地方人民政府农业农村主管部门委托有关单位代为处理，所需费用由违法行为人承担，处五千元以上五万元以下罚款。

造成环境污染或者生态破坏的，依照环境保护有关法律法规进行处罚。

**第九十六条** 违反本法规定，患有人畜共患传染病的人员，直接从事动物疫病监测、检测、检验检疫，动物诊疗以及易感染动物的饲养、屠宰、经营、隔离、运输等活动的，由县级以上地方人民政府农业农村或者野生动物保护主管部门责令改正；拒不改正的，处一千元以上一万元以下罚款；情节严重的，处一万元以上五万元以下罚款。

**第九十七条** 违反本法第二十九条规定，屠宰、经营、运输动物或者生产、经营、加工、贮藏、运输动物产品的，由县级以上地方人民政府农业农村主管部门责令改正、采取补救措施，没收违法所得、动物和动物产品，并处同类检疫合格动物、动物产品货值金额十五倍以上三十倍以下罚款；同类检疫合格动物、动物产品货值金额不足一万元的，并处五万元以上十五万元以下罚款；其中依法应当检疫而未检疫的，依照本法第一百条的规定处罚。

前款规定的违法行为人及其法定代表人（负责人）、直接负责的主管人员和其他直接责任人员，自处罚决定作出之日起五年内不得从事相关活动；构成犯罪的，终身不得从事屠宰、经营、运输动物或者生产、经营、加工、贮藏、运输动物产品等相关活动。

**第九十八条**　违反本法规定，有下列行为之一的，由县级以上地方人民政府农业农村主管部门责令改正，处三千元以上三万元以下罚款；情节严重的，责令停业整顿，并处三万元以上十万元以下罚款：

（一）开办动物饲养场和隔离场所、动物屠宰加工场所以及动物和动物产品无害化处理场所，未取得动物防疫条件合格证的；

（二）经营动物、动物产品的集贸市场不具备国务院农业农村主管部门规定的防疫条件的；

（三）未经备案从事动物运输的；

（四）未按照规定保存行程路线和托运人提供的动物名称、检疫证明编号、数量等信息的；

（五）未经检疫合格，向无规定动物疫病区输入动物、动物产品的；

（六）跨省、自治区、直辖市引进种用、乳用动物到达输入地后未按照规定进行隔离观察的；

（七）未按照规定处理或者随意弃置病死动物、病害动物产品的。

**第九十九条**　动物饲养场和隔离场所、动物屠宰加工场所以及动物和动物产品无害化处理场所，生产经营条件发生变化，不再符合本法第二十四条规定的动物防疫条件继续从事相关活动的，由县级以上地方人民政府农业农村主管部门给予警告，责令限期改正；逾期仍达不到规定条件的，吊销动物防疫条件合格证，并通报市场监督管理部门依法处理。

**第一百条** 违反本法规定，屠宰、经营、运输的动物未附有检疫证明，经营和运输的动物产品未附有检疫证明、检疫标志的，由县级以上地方人民政府农业农村主管部门责令改正，处同类检疫合格动物、动物产品货值金额一倍以下罚款；对货主以外的承运人处运输费用三倍以上五倍以下罚款，情节严重的，处五倍以上十倍以下罚款。

违反本法规定，用于科研、展示、演出和比赛等非食用性利用的动物未附有检疫证明的，由县级以上地方人民政府农业农村主管部门责令改正，处三千元以上一万元以下罚款。

**第一百零一条** 违反本法规定，将禁止或者限制调运的特定动物、动物产品由动物疫病高风险区调入低风险区的，由县级以上地方人民政府农业农村主管部门没收运输费用、违法运输的动物和动物产品，并处运输费用一倍以上五倍以下罚款。

**第一百零二条** 违反本法规定，通过道路跨省、自治区、直辖市运输动物，未经省、自治区、直辖市人民政府设立的指定通道入省境或者过省境的，由县级以上地方人民政府农业农村主管部门对运输人处五千元以上一万元以下罚款；情节严重的，处一万元以上五万元以下罚款。

**第一百零三条** 违反本法规定，转让、伪造或者变造检疫证明、检疫标志或者畜禽标识的，由县级以上地方人民政府农业农村主管部门没收违法所得和检疫证明、检疫标志、畜禽标识，并处五千元以上五万元以下罚款。

持有、使用伪造或者变造的检疫证明、检疫标志或者畜禽标识的，由县级以上人民政府农业农村主管部门没收检疫证明、检疫标志、畜禽标识和对应的动物、动物产品，并处三千元以上三万元以下罚款。

**第一百零四条**　违反本法规定，有下列行为之一的，由县级以上地方人民政府农业农村主管部门责令改正，处三千元以上三万元以下罚款：

（一）擅自发布动物疫情的；

（二）不遵守县级以上人民政府及其农业农村主管部门依法作出的有关控制动物疫病规定的；

（三）藏匿、转移、盗掘已被依法隔离、封存、处理的动物和动物产品的。

**第一百零五条**　违反本法规定，未取得动物诊疗许可证从事动物诊疗活动的，由县级以上地方人民政府农业农村主管部门责令停止诊疗活动，没收违法所得，并处违法所得一倍以上三倍以下罚款；违法所得不足三万元的，并处三千元以上三万元以下罚款。

动物诊疗机构违反本法规定，未按照规定实施卫生安全防护、消毒、隔离和处置诊疗废弃物的，由县级以上地方人民政府农业农村主管部门责令改正，处一千元以上一万元以下罚款；造成动物疫病扩散的，处一万元以上五万元以下罚款；情节严重的，吊销动物诊疗许可证。

**第一百零六条**　违反本法规定，未经执业兽医备案从事经营性动物诊疗活动的，由县级以上地方人民政府农业农村主管部门责令停止动物诊疗活动，没收违法所得，并处三千元以上三万元以下罚款；对其所在的动物诊疗机构处一万元以上五万元以下罚款。

执业兽医有下列行为之一的，由县级以上地方人民政府农业农村主管部门给予警告，责令暂停六个月以上一年以下动物诊疗活动；情节严重的，吊销执业兽医资格证书：

（一）违反有关动物诊疗的操作技术规范，造成或者可能造成动物疫病传播、流行的；

（二）使用不符合规定的兽药和兽医器械的；

（三）未按照当地人民政府或者农业农村主管部门要求参加动物疫病预防、控制和动物疫情扑灭活动的。

**第一百零七条**　违反本法规定，生产经营兽医器械，产品质量不符合要求的，由县级以上地方人民政府农业农村主管部门责令限期整改；情节严重的，责令停业整顿，并处二万元以上十万元以下罚款。

**第一百零八条**　违反本法规定，从事动物疫病研究、诊疗和动物饲养、屠宰、经营、隔离、运输，以及动物产品生产、经营、加工、贮藏、无害化处理等活动的单位和个人，有下列行为之一的，由县级以上地方人民政府农业农村主管部门责令改正，可以处一万元以下罚款；拒不改正的，处一万元以上五万元以下罚款，并可以责令停业整顿：

（一）发现动物染疫、疑似染疫未报告，或者未采取隔离等控制措施的；

（二）不如实提供与动物防疫有关的资料的；

（三）拒绝或者阻碍农业农村主管部门进行监督检查的；

（四）拒绝或者阻碍动物疫病预防控制机构进行动物疫病监测、检测、评估的；

（五）拒绝或者阻碍官方兽医依法履行职责的。

**第一百零九条**　违反本法规定，造成人畜共患传染病传播、流行的，依法从重给予处分、处罚。

违反本法规定，构成违反治安管理行为的，依法给予治安管理处罚；构成犯罪的，依法追究刑事责任。

违反本法规定，给他人人身、财产造成损害的，依法承担民事责任。

# 第十二章　附　则

**第一百一十条**　本法下列用语的含义：

（一）无规定动物疫病区，是指具有天然屏障或者采取人工措施，在一定期限内没有发生规定的一种或者几种动物疫病，并经验收合格的区域；

（二）无规定动物疫病生物安全隔离区，是指处于同一生物安全管理体系下，在一定期限内没有发生规定的一种或者几种动物疫病的若干动物饲养场及其辅助生产场所构成的，并经验收合格的特定小型区域；

（三）病死动物，是指染疫死亡、因病死亡、死因不明或者经检验检疫可能危害人体或者动物健康的死亡动物；

（四）病害动物产品，是指来源于病死动物的产品，或者经检验检疫可能危害人体或者动物健康的动物产品。

**第一百一十一条**　境外无规定动物疫病区和无规定动物疫病生物安全隔离区的无疫等效性评估，参照本法有关规定执行。

**第一百一十二条**　实验动物防疫有特殊要求的，按照实验动物管理的有关规定执行。

**第一百一十三条**　本法自 2021 年 5 月 1 日起施行。

资料来源：http://www.moa.gov.cn/gk/zcfg/fl/202104/t20210425_6366545.htm

# 附录二 北京市突发重大动物疫情应急预案 (2018 年修订)

## 1 总则

### 1.1 本市重大动物疫情风险

重大动物疫情是指动物突然发生疫病，且迅速传播，导致动物发病率或者死亡率升高，给养殖业生产安全造成严重危害，或者可能对人民身体健康与生命安全造成危害的，具有重要经济社会影响和公共卫生意义的情形。

本市重大动物疫情防控工作面临严峻形势。从国内看，禽流感病毒出现变异重组趋势，口蹄疫病毒同时存在多个血清型流行，重大动物疫病病原污染面较大，增加了疫情发生的风险。从全球看，重大动物疫情不断发生，新发动物疫病不断出现。尤其是我国周边多个国家持续发生高致病性禽流感、口蹄疫和非洲猪瘟等疫情，境外疫病传入风险持续存在。

虽然北京市对口蹄疫、高致病性禽流感、小反刍兽疫、犬狂犬病、布鲁氏菌病等动物疫病严格落实预防免疫、监测净化、扑杀、无害化处理等综合防控措施，降低了动物疫病暴发流行的风险。但受国内外动物疫情形势、活畜禽跨区域调运等因素影响，仍然存在局部地区点状散发动物疫病或外来疫病、新发疫病（新病种、新亚型）的风险。

### 1.2 指导思想

根据国家法律法规，结合北京的特点，强化服务首都功能定位，以建设国际一流的和谐宜居之都，落实京津冀协同发展战略，打造全国都市农业引领区为目标，围绕农业"调转节"工作，坚持加强领导、密切配合、依靠科学、依法防治、群防群控、果断处置的方针，按照"及时发现，快速反应，严格处理，减少损失"和"属地管理，统一领导、专业处置"的原则，及时调动行政和技术资源，采取应对措施，有效控制和扑灭突发重大动物疫情。

## 1.3　工作原则

（1）属地管理

各级人民政府统一领导和指挥突发重大动物疫情应急处置工作，负责扑灭本行政区域内的突发重大动物疫情，各有关部门按照预案规定，在各自职责范围内做好疫情应急处置有关工作。

（2）快速反应

各级人民政府和兽医行政管理部门要依照有关法律、法规，建立和完善突发重大动物疫情应急体系、响应机制和程序，提高突发重大动物疫情应急处置能力；发生突发重大动物疫情时，各级政府要迅速做出反应，采取果断措施，及时控制和扑灭疫情。

（3）预防为主

贯彻预防为主的方针，落实各项防控措施，做好人员、技术、物资和设施设备的应急储备工作，并根据需要定期开展技术培训和应急演练；开展疫情监测和预警预报，对各类可能引发突发重大动物疫情的风险要及时分析、预警，做到早发现、快行动、严处置。

（4）科学防治

开展重大动物疫情风险评估，进一步规范染疫动物扑杀和无害化处理工作，强化监测、免疫、流行病学调查、消毒、检疫和监督等措施，加强防疫知识的宣传，提高全社会防范突发重大动物疫情的意识，实现重大动物疫情防治工作的科学化、规范化。

## 1.4　编制目的

及时、有效地预防、控制和扑灭突发重大动物疫情，最大程度地降低突发重大动物疫情对畜牧业和公众健康造成的危害，保持畜牧业健康稳定发展，保障兽医公共卫生安全和人民身体健康。

## 1.5 编制依据

贯彻落实《中华人民共和国动物防疫法》《中华人民共和国突发事件应对法》《中华人民共和国进出境动植物检疫法》《重大动物疫情应急条例》《病原微生物实验室生物安全管理条例》《北京市实施〈中华人民共和国突发事件应对法〉办法》《北京市动物防疫条例》《国家突发重大动物疫情应急预案》《全国高致病性禽流感应急预案》、农业部《口蹄疫防控应急预案》《小反刍兽疫防控应急预案》《进出境重大动物疫情应急处理预案》《北京市突发事件信息管理办法》等法律法规和有关文件规定，制定本预案。

## 1.6 适用范围

本预案适用于本市行政区域内突发重大动物疫情的应急处置工作。

对《国家重大动物疫情应急预案》中规定的由国家重大动物疫情应急指挥机构负责处置的事件，依照国家预案的规定执行。《国家重大动物疫情应急预案》与本市其他专项应急预案启动后，需要同时启动本预案进行配合的，按照本预案规定的程序启动。

## 1.7 疫情分级

根据突发重大动物疫情的性质、危害程度和波及范围，对突发重大动物疫情实行分级管理，划分为特别重大、重大、较大和一般四级。

### 1.7.1 特别重大突发动物疫情

（1）高致病性禽流感在21日内，包括本市行政区域内及相邻省份有10个以上县（区、县级市）发生疫情；或在本市行政区域有20个以上乡镇发生或者10个以上乡镇连片发生疫情。

（2）口蹄疫在14日内，包括本市在内有5个以上省份发生严重疫情，且疫区连片；或者 20 个以上县（区）连片发生，或疫点数达到 30 个以上。

（3）小反刍兽疫在 21 日内，包括本市在内有 2 个以上省份发生疫情；或者在本市 3 个以上的区发生疫情。

（4）动物暴发禽流感、疯牛病等人兽共患病感染到人，并继续大面积扩散蔓延。

（5）农业部认定的其他特别重大突发动物疫情。

### 1.7.2　重大突发动物疫情

（1）高致病性禽流感在 21 日内，在本市行政区域内有 2 个以上区发生疫情；或在本市行政区域内有 20 个以上疫点或者有 5 个以上、10 个以下乡镇连片发生疫情。

（2）口蹄疫在 14 日内，在本市行政区域内有 2 个以上相邻区或者 5 个以上区发生疫情，或有新的口蹄疫亚型出现并发生疫情。

（3）小反刍兽疫 21 日内，在本市 2 个以下（含）区发生疫情的。

（4）在 1 个平均潜伏期内，本市有 20 个以上乡镇发生猪瘟（24 天）、新城疫疫情（21 天）或疫点数达到 30 个以上。

（5）我国已消灭的牛瘟、牛肺疫等疫病在本市又有发生，或我国尚未发生的疯牛病、非洲猪瘟、非洲马瘟等疫病传入本市或在本市发生。

（6）在 1 个潜伏期内，布鲁氏菌病、结核病、狂犬病、炭疽等二类动物疫病在本市呈暴发流行，波及本市 3 个以上区，或出现人畜共患病发生感染人的病例，并有继续扩散趋势。

（7）农业部或市兽医行政管理部门认定的其他重大突发动物疫情。

### 1.7.3　较大突发动物疫情

（1）高致病性禽流感在 21 日内，在本市 1 个区内 2 个以上乡镇发生疫情，或疫点数达到 3 个以上、20 个以下。

（2）口蹄疫在 14 日内，在本市 1 个区内 2 个以上乡镇发生疫情，或疫点数达到 5 个以上。

（3）在 1 个平均潜伏期内，在本市 1 个区内有 5 个以上乡镇发生猪瘟（24 天）、新城疫疫情（21 天）疫情流行，或疫点数达到 10 个以上、30 个以下。

（4）在 1 个潜伏期内，在本市 1 个区内有 5 个以上乡镇发生布鲁氏菌病、结核病、狂犬病、炭疽等二类动物疫病暴发流行。

（5）高致病性禽流感、口蹄疫、炭疽等高致病性病原微生物菌种、毒种发生丢失或泄露。

（6）区级以上人民政府兽医行政管理部门认定的其他较大突发动物疫情。

### 1.7.4 一般突发动物疫情

（1）高致病性禽流感、口蹄疫、猪瘟、新城疫等一类动物疫病在本市 1 个乡镇的行政区域内发生。

（2）二、三类动物疫病在本市 1 个以上乡镇的行政区域内暴发流行。

（3）区级以上人民政府兽医行政管理部门认定的其他一般突发动物疫情。

## 1.8 应急预案体系

本市突发重大动物疫情应急预案体系实行市和区两级管理；市、区两级分别制定专项应急预案和分病种应急处置实施方案。

## 2 组织机构与职责分工

## 2.1 指挥机构及其职责

**2.1.1** 市重大动植物疫情应急指挥部负责统一领导、协组织、协调全市突发重大动物疫情应急处置工作。在全市突发重大动物疫情相关工作中的主要职责：

（1）贯彻落实《中华人民共和国突发事件应对法》《中华人民共和国动物防疫法》《重大动物疫情应急条例》《北京市动物防疫条例》等相关法律法规；

（2）研究制定本市应对动物疫情的政策措施和指导意见；

（3）负责指挥本市特别重大、重大动物疫情应急处置工作，依法指挥协调或协助各区做好较大、一般动物疫情应急处置工作；

（4）分析总结本市动物疫情应对工作，制定工作规划和年度工作计划；

（5）组织开展北京市重大动植物疫情应急指挥部所属应急救援队伍的建设管理和应急物资的储备保障等工作；

（6）承办市应急委交办的其他事项。

2.1.2　市重大动植物疫情应急指挥部总指挥由市政府分管副市长担任，副总指挥由市政府分管副秘书长、市农委主任、市农业局局长担任，负责统一领导和指挥突发重大动物疫情的应急处置，做出疫情处置的重大决策。

## 2.2　办事机构及其职责

市重大动植物疫情应急指挥部办公室设在市农业局，主任由市农业局局长担任，常务副主任由市农业局主管副局长担任，另设一名专职副主任主持日常工作。市重大动植物疫情应急指挥部办公室具体承担动物疫情应对工作的规划、组织、协调、指导、检查职责：

（1）组织落实北京市重大动植物疫情应急指挥部决定，协调和调动成员单位应对动物疫情相关工作；

（2）承担北京市重大动植物疫情应急指挥部值守应急工作；

（3）收集、分析工作信息，及时上报重要信息；

（4）负责本市动物疫情风险评估控制、隐患排查整改工作；

（5）负责发布蓝色、黄色预警信息，向市应急办提出发布橙色、红色预警信息的建议；

（6）配合有关部门承担北京市重大动植物疫情应急指挥部新闻发布工作；

（7）组织拟定（修订）与北京市重大动植物疫情应急指挥部职能相关的专项、部门应急预案，指导各区制定（修订）动物疫情专项、部门应急预案；

（8）负责本市动物疫情应急演练；

（9）负责本市应对动物疫情的宣传教育与培训；

（10）负责北京市重大动植物疫情应急指挥部应急指挥技术系统的建设与管理工作；

（11）负责北京市重大动植物疫情应急指挥部专家顾问组的联系和现场指挥部的组建等工作；

（12）承担北京市重大动植物疫情应急指挥部的日常工作。

## 2.3 成员单位及其职责

（1）市委宣传部：负责组织协调全市较大以上突发重大动物疫情事件的信息发布和舆论调控工作，组织市属媒体积极开展相关科学防治知识宣传。

（2）市发展改革委：负责按照相关规划和现行的有关投资政策，支持完善疫情防控相关基础设施。

（3）市科委：负责组织对突发重大动物疫情预警预报和防治技术、无害化处理技术的研究与示范应用。

（4）市经济信息化委：负责组织协调有线、无线政务专网应急通信保障工作。

（5）市公安局：负责协助有关部门做好疫区封锁和强制扑杀工作，做好疫区安全保卫和社会治安管理。

（6）市民政局：负责对受灾的养殖场工作人员及养殖户实施

基本生活救助，发放生活救助款物，妥善安排受灾群众的基本生活，处理遇难人员善后事宜。负责动物防疫相关捐赠救灾物资及资金的接收、分配和使用等管理工作。

（7）市财政局：对涉及的免疫、监测、消毒、强制扑杀、无害化处理等所需市级经费保障，在每年的部门预算中给予安排。

（8）市环保局：参与编制动物、动物产品无害化处理公共设施建设实施方案及其运行维护、财政支持办法。

（9）市城市管理委：参与编制动物、动物产品无害化处理公共设施建设实施方案及其运行维护、财政支持办法。

（10）市交通委：配合做好疫情防控工作，负责优先安排紧急防疫物资的调运，落实"禁止携带活畜禽乘坐公共电气车、轨道交通车辆、道路客运车辆等公共交通工具"规定。

（11）市农委：负责指导本市重大动物疫情防控工作。

（12）市水务局：负责做好市管河流、湖泊、水库及饮水区等水域及周边地区水生野生禽类的观测，发现异常依法报告，并协助兽医行政主管部门做好有关疫病监测工作；参与编制动物及动物产品无害化处理公共设施运行维护、财政支持办法。

（13）市商务委：负责组织协调生活必需品以及商务委负责的应急物资的储备、供应和调拨工作。

（14）市旅游委：负责配合有关部门开展对宾馆、饭店、农家乐等乡村旅游餐饮单位的动物及动物产品的防疫监督、管理工作。

（15）市卫生计生委：负责对接触人群人畜共患病的监测、病原学检测、诊断、治疗、报告，突发人间疫情判定、预警和预防控制，与农业部门及时互相通报动物间和人间发生的人畜共患传染病疫情以及处理相关信息。

（16）市政府外办：配合做好本市重大动物疫情防控中的涉外协调工作，统筹协调涉及境外媒体管理有关工作，配合有关部门做好领事通报及领事探视相关事宜。

（17）市工商局：参与相关部门对违规经营动物及动物产品的经营主体的管理，负责查处非食用性动物非法交易行为。

（18）市食品药品监管局：负责对动物源性相关食品生产环节和流通环节的监管，负责查处活禽及其他食用动物非法交易行为。

（19）市体育局：负责协调与信鸽、赛马等比赛动物相关体育活动的参与者，配合做好比赛申报、动物防疫监管、信鸽临时禁飞等工作。

（20）市园林绿化局：负责打击非法猎捕、经营陆生野生动物的行为；负责开展全市陆生野生动物疫源疫病监测工作，发生异常依法报告；协调陆生野生动物驯养繁殖单位，依法做好饲养动物的疫病防治与监测、疫情报告等工作；参与编制动物、动物产品无害化处理公共设施建设实施方案及其运行维护、财政支持办法。

（21）市农业局：负责组织协调相关部门做好重大动物疫情防控工作；承担市重大动植物疫情应急指挥部办公室的工作职能，统一组织开展疫情的监测、免疫、扑杀、消毒、疫病诊断和报告、流行病学调查和疫源追踪等工作。

（22）市城管执法局：负责督促、指导、开展对街头流动无照经营行为查处，对发现涉及重大动物疫情的线索及时移送相关部门处置。

（23）北京出入境检验检疫局：加强对进出境动物及动物产品和其他检疫物的检疫工作，防止疫情传进传出；参与建立健全统一的动物疫情监测网络，加强疫情监测，及时与农业部门互相通报信息。

（24）北京铁路局：保证安全、快速运送突发重大动物疫情应急处置人员以及防治药品、器械等应急物资和有关样本；配合动物卫生监督机构做好铁路运输动物及动物产品的检疫监督工作。

（25）北京市税务局：负责贯彻落实救助受灾养殖方面的相关税收政策，加强对受灾的养殖场（户）税收政策宣传，帮助企业用准、用足、用好现行税收优惠政策。配合相关部门及时深入受灾的养殖场（户）了解情况，促进受灾养殖场（户）恢复生产。

（26）市公安局公安交通管理局：负责协助相关部门对违法违规运输机动车辆进行拦截卡控。

（27）市公园管理中心：在动物卫生监督机构和卫生防疫部门的指导下，协调市属公园做好饲养动物的防疫工作，密切监视公园内动物的健康情况，发现异常时立即通报当地动物卫生监督机构，并配合相关部门做好有关动物疫情监测工作。

（28）民航华北地区管理局：组织协调相关单位，做好突发重大动物疫情应急处置人员以及防治药品、器械等应急物资和有关样本的航空运输保障工作；督促相关单位配合动物卫生监督机构做好航空运输动物及动物产品的检疫监督工作，配合检验检疫部门做好进出境动物及其产品的检验检疫工作。

（29）北京卫戍区后勤部：负责做好所属部队动物疫病防控工作，积极配合驻地的动物疫病防控工作，及时通报疫情信息。

（30）北京二商集团有限责任公司：负责做好所承担的国家及市级动物和动物产品的贮备工作，保证贮备动物和动物产品质量卫生，做好相关动物防疫工作。

（31）北京首农集团有限责任公司：负责做好本企业动物防疫工作。

（32）各区人民政府：负责本行政区域内突发重大动物疫情防控工作。制定本行政区域内突发重大动物疫情防控工作的规划、监测计划和应急预案；建立区级突发重大动物疫情应急指挥体系及日常办事机构，统一领导、指挥本行政区域内应急处置工作，做出相应决策。

## 2.4 专家顾问组及其职责

市重大动植物疫情应急指挥部聘请有关专家组成市突发重大动物疫情专家顾问组，专家顾问组由技术官员和动物疫病防治、流行病学、卫生防疫、野生动物、动物福利、经济、风险评估和法律等领域专家组成。主要职责：

（1）负责提出应急处置突发重大动物疫情的技术措施建议；

（2）负责提出突发重大动物疫情应急准备的建议；

（3）负责疫病防控策略和方法的咨询，参与制订或修订突发重大动物疫情应急预案和防控、处置技术方案；

（4）负责对突发重大动物疫情应急处置进行技术指导和培训；

（5）负责提出突发重大动物疫情应急响应的终止和后期评估的建议；

（6）承担市重大动植物疫情应急指挥部及其办事机构交办的其他工作。

## 2.5 应急处理预备队及职责

从市和各区有关部门、单位抽调畜牧兽医行政管理、动物卫生监督、动物疫病预防控制、卫生防疫、公安等方面骨干人员组成应急处理预备队，分设疫情处置、封锁治安、紧急免疫、卫生防疫等分队。主要职责是协助现场指挥部对疫区实施封锁，对疫区内易感动物实施扑杀和无害化处理，对疫区实施防疫消毒，对疫区内人员开展生物安全防护，对受威胁区实施紧急免疫、紧急监测等工作。

## 3 疫情的监测和预警

## 3.1 疫情监测

各级兽医行政管理部门要整合监测信息资源，建立健全重大动物疫病监测制度，建立和完善相关基础信息数据库。做好重大动物疫情风险评估和隐患排查整改工作，及时汇总分析突发重大动物疫情风险因素和隐患信息，预测疫情发生的可能性，对可能发生疫情及次生、衍生事件和可能造成的影响进行综合分析。发现问题，及时整改，消除隐患。必要时，向上级兽医行政管理部门报告，并向可能受到危害的毗邻或相关地区的兽医行政管理部门通报。

## 3.2　预警级别

依据突发重大动物疫情可能造成的危害程度、发展情况和紧迫性等因素，由低到高划分为蓝色、黄色、橙色和红色四个预警级别。

**3.2.1**　蓝色等级：天津市或河北省发生一般动物疫情时；或者在监测中发现高致病性禽流感、口蹄疫病原学监测阳性样品，根据流行调查和分析评估，有可能出现疫情暴发流行的。

**3.2.2**　黄色等级：天津市或河北省发生较大动物疫情时。

**3.2.3**　橙色等级：天津市或河北省发生重大动物疫情时；或者本市发生重大动物疫病菌毒种丢失时。

**3.2.4**　红色等级：天津市或河北省发生特别重大动物疫情时。

## 3.3　预警发布

市重大动植物疫情应急指挥部办公室根据动物卫生监督机构和动物疫病预防控制机构提供的监测信息和国内外突发重大动物疫情动态，按照疫情的发生、发展规律和特点，分析其危害程度和可能的发展趋势，提出相应的预警建议。

（1）预警信息包括突发重大动物疫情的种类、预警级别、起始时间、可能影响范围、警示事项、应当采取的措施和发布机关等。

（2）蓝色和黄色预警由市重大动植物疫情应急指挥部办公室

组织发布，并报农业部兽医局和市应急办备案。

（3）橙色和红色预警由市重大动植物疫情应急指挥部办公室向市应急办提出预警建议，经市重大动植物疫情应急指挥部总指挥或市应急委主要领导批准后，由市应急办发布或授权市重大动植物疫情应急指挥部办公室发布。

## 3.4 预警响应

市重大动植物疫情应急指挥部办公室在确认可能引发突发重大动物疫情的预警信息后，各区兽医行政主管部门应及时开展部署，密切关注疫情发生发展趋势，加强疫苗和消毒药品等防疫物资的储备，采取监测、消毒、免疫和扑杀易感动物等措施，防止疫情的发生。

必要时，加强与发生疫情省市沟通与联防，对距本市边界5公里范围内易感动物实施紧急免疫，建立防疫隔离带。涉及人畜共患病的，市农业局与市卫生计生委在联动机制的基础上加强信息沟通，共同加强各项防控措施。

## 3.5 预警解除

按照"谁发布、谁解除"的原则，依照预警信息的发布程序执行。各级别突发重大动物疫情预警的发布和取消要符合保密和疫情发布的有关规定。

## 4 突发重大动物疫情应急处置

## 4.1 疫情报告

任何单位和个人有权向各级人民政府及其有关部门报告突发重大动物疫情及其隐患，有权向上级政府部门举报不履行或者不按照规定履行突发重大动物疫情应急处置职责的部门、单位和个人。

## 4.1.1 责任报告单位和责任报告人

（1）责任报告单位有关动物饲养、经营和动物产品生产、经营的单位，各类动物诊疗机构等相关单位；相关科研单位和院校；出入境检验检疫机构；各级动物卫生监督机构和动物疫病预防控制机构；其他有关部门和单位。

（2）责任报告人饲养、经营动物和生产、经营动物产品的人员；出入境检验检疫机构的兽医人员；各类动物诊疗机构的工作人员；科研单位和院校的相关工作人员；执行任务的各级动物卫生监督机构和动物疫病预防控制机构人员；其他有关人员。

### 4.1.2　报告形式

各级动物卫生监督机构和动物疫病预防控制机构按国家有关规定报告突发重大动物疫情；其他责任报告单位和个人以电话、书面等形式进行报告。

### 4.1.3　报告时限和程序

（1）发现可疑突发重大动物疫情时，应当立即向当地兽医行政管理部门、动物卫生监督机构或动物疫病预防控制机构报告。接到动物疫情报告的单位，应立即赶赴现场诊断，并采取必要的控制措施，必要时可请市动物疫病预防控制中心派人协助进行诊断。认定为疑似重大动物疫情的，应在 2 小时内将疫情报至市动物卫生监督所或市动物疫病预防控制中心，同时报区重大动物疫情应急指挥机构。市动物卫生监督所或市动物疫病预防控制中心应在接到报告后 1 小时内，向市重大动植物疫情应急指挥部办公室报告。市重大动植物疫情应急指挥部办公室和市农业局应在接到报告后 1 小时内分别报市应急办和农业部。

（2）认定为疑似较大以上突发动物疫情的，市重大动植物疫情应急指挥部办公室接到报告后应立即报市应急办，详细信息不晚于认定为疑似疫情后 2 小时上报。

### 4.1.4　报告内容

（1）疫情发生的时间、地点；

（2）染疫、疑似染疫动物种类和品种、动物来源、免疫情况、发病数量、死亡数量、同群动物数量、临床症状、诊断情况；

（3）是否有人员感染；

（4）流行病学和疫源追踪情况；

（5）已采取的控制措施；

（6）疫情报告的单位、负责人、报告人及联系方式。

## 4.2　先期处置

在发生疑似疫情时，根据流行病学调查结果，分析疫源及其可能扩散、流行的情况。在疑似疫情报告的同时，对发病场（户）实施隔离、监控，禁止动物及其产品、饲料及有关物品移动，进行严格消毒等临时处置措施，限制人员流动。对可能存在的传染源，以及在疫情潜伏期和发病期间售出的动物及其产品、对被污染或可疑污染物的物品（包括粪便、垫料、饲料等），立即开展追踪调查，并按规定进行彻底消毒和无害化处理。必要时可以采取封锁、扑杀等措施。

## 4.3　疫情确认

**4.3.1**　区级兽医行政管理部门、动物卫生监督机构或者动物疫病预防控制机构接到疫情报告后，立即派出 2 名以上专业技术人员到现场，进行临床诊断以及流行病学调查。根据临床诊断指标，提出初步诊断意见。

**4.3.2**　对怀疑为高致病性禽流感或口蹄疫的，及时采集病料送市动物疫病预防控制中心进行实验室诊断。诊断为阳性的，可确认为高致病性禽流感或口蹄疫疑似病例。高致病性禽流感或口蹄疫疑似病例的样品，必须派专人送国务院畜牧兽医行政管理部门指定的国家参考实验室检测，进行最终确诊。

**4.3.3**　对怀疑为高致病性禽流感和口蹄疫以外的可疑重大动物疫病，应及时采集病料送市动物疫病预防控制中心，根据国家标准、行业标准、世界动物卫生组织推荐标准等进行实验室检测和最终确诊。必要时由市动物疫病预防控制中心送国务院畜牧兽医行政管理部门指定的国家参考实验室进行确诊。

## 4.4　指挥协调

采取边调查、边处置、边核实的方式，控制和扑灭疫情，同时对疫源进行追踪和流行病学调查分析。市、区、乡镇人民政府及其有关部门按照分级响应的原则做出应急响应。

市重大动植物疫情应急指挥部负责统一指挥重大和特别重大突发动物疫情应急处置工作，各区重大动植物疫情应急指挥部负责本区一般和较大突发动物疫情的应急处置工作。

### 4.4.1　一般突发动物疫情

区政府根据区兽医行政管理部门的建议，启动应急预案，组织有关部门开展疫情应急处置工作。区重大动植物疫情应急指挥部总指挥负责应急指挥工作，副总指挥应赴现场指挥。

必要时，市重大动植物疫情应急指挥部办公室副主任赴现场协助指挥，并组织专家对疫情应急处理进行技术指导。

### 4.4.2　较大突发动物疫情

区政府根据区兽医行政管理部门的建议，启动应急预案，组织有关部门开展疫情应急处置工作。区应急委主要负责同志负责应急指挥工作，区重大动植物疫情应急指挥部总指挥应赴现场指挥。

必要时，市重大动植物疫情应急指挥部办公室主任或常务副主任协助指挥。

### 4.4.3　重大突发动物疫情

市政府根据市兽医行政管理部门的建议，启动本预案，统一领导和指挥全市突发重大动物疫情应急处理工作。市重大动植物疫情应急指挥部总指挥负责应急指挥工作，副总指挥（市政府分管副秘书长）协助总指挥工作。副总指挥（市农委主任、市农业局局长、主管副局长）赶赴现场，负责具体指挥和处置工作。

### 4.4.4 特别重大突发动物疫情

确认特别重大突发动物疫情后，国务院按程序启动《国家突发重大动物疫情应急预案》。市政府根据市兽医行政管理部门的建议，启动本预案，全面组织开展疫情应急处置工作。市应急委主要领导负责指挥决策，市重大动植物疫情应急指挥部总指挥负责具体指挥和处置工作，必要时赶赴现场指挥处置。

### 4.5 应急处置措施

**4.5.1** 市或区重大动植物疫情应急指挥部办公室提出对疫区实施封锁的建议，由本级人民政府发布封锁令，对疫区实施封锁。疫区涉及两个以上行政区域，或封锁疫区导致交通干线中断的，按规定报上一级政府批准。

**4.5.2** 根据突发重大动物疫情处置需要，由市重大动植物疫情应急指挥部办公室负责协调调集各类人员、物资、交通工具和相关设施、设备参加应急处置工作。

**4.5.3** 市重大动植物疫情应急指挥部办公室负责组织动物卫生监督机构和动物疫病预防控制机构开展突发重大动物疫情的调查与处置；组织划定疫点、疫区、受威胁区，提出并实施有针对性的防控措施，按规定采集病料，进行诊断和疫情判定，需要国家参考实验室确诊的，由市动物疫病预防控制中心负责送检。

**4.5.4** 市、区重大动植物疫情应急指挥部办公室根据动物疫情处置需要，可组织专家对疫情应急处理进行技术指导，协助开展动物流行病学调查、技术方案制定、疫情形势分析等工作。

**4.5.5** 必要时，市重大动植物疫情应急指挥部办公室向周边区、省发出通报，及时采取预防控制措施，防止疫情扩散蔓延。

**4.5.6** 应急处理预备队负责协助现场指挥部扑杀并无害化处理疫

点内的染疫动物和易感动物及其产品；对病死的动物、动物排泄物、被污染饲料、垫料、污水进行无害化处理；对被污染的物品、用具、动物圈舍、场地进行消毒。

**4.5.7** 应急处理预备队负责协助现场指挥部在疫区周围设置警示标志，在出入疫区的交通路口设置临时动物检疫消毒站，对出入的人员和车辆进行消毒；关闭动物和动物产品交易市场，禁止易感动物进出疫区和动物产品运出疫区。

**4.5.8** 动物疫病预防控制机构负责对受威胁区内的易感动物进行监测；根据需要组织对易感动物实施紧急免疫接种。

**4.5.9** 动物疫病预防控制机构负责对疫情发生前一个潜伏期内，从疫点输出的易感动物及其产品、被污染饲料垫料和粪便、运输车辆及密切接触人员的去向进行跟踪调查，分析疫情扩散风险。必要时，对接触的易感动物进行隔离观察，对相关动物及其产品进行消毒处理。

**4.5.10** 动物疫病预防控制机构负责对疫情发生前一个潜伏期内，所有引入疫点的易感动物、相关产品来源及运输工具进行追溯性调查，分析疫情来源。必要时，对来自原产地易感动物群体或接触易感动物群体进行隔离观察，对动物产品进行无害化处理。

**4.5.11** 市重大动植物疫情应急指挥部组织有关部门保障商品供应，平抑物价，严厉打击造谣传谣、制假售假等违法犯罪和扰乱社会治安的行为，维护社会稳定。

**4.5.12** 市重大动植物疫情应急指挥部办公室负责对应急处置工作进行督导和检查。

**4.5.13** 市重大动植物疫情应急指挥部办公室负责做好突发重大动物疫情的信息收集、报告与分析工作，组织专家对处置情况进行综合评估，包括疫情、现场调查情况、疫源追踪情况以及动物扑杀、无害化处理、消毒、紧急免疫等措施的效果评价。在市委宣传部的组织协调下，根据有关规定做好信息发布工作。

**4.5.14** 出入境检验检疫机构负责加强对出口货物的查验，会同有关部门停止疫区和受威胁区的相关动物及其产品的出口；暂停使用位于疫区内的依法设立的出入境相关动物临时隔离检疫场。

**4.5.15** 发生重大或特别重大突发动物疫情时，市政府可以采取措施限制相关动物及产品进出本市、停止相关动物及产品交易。

**4.5.16** 发生涉外、市政府外涉港澳台突发重大动物疫情时，办等相关部门应根据应急处置工作的需要和职责分工，派人参与现场指挥部工作，负责承办相关事项，并与国家相关部门协调联动。

**4.5.17** 突发重大动物疫情可能感染人类的，卫生行政部门和兽医行政管理部门应当及时相互通报情况。卫生行政部门应当对高危人群进行监测，并采取相应的预防、控制措施。

**4.5.18** 加强参与疫情应急处置人员的安全防护，确保人员安全。针对不同的重大动物疫病，特别是人兽共患病，应急处置人员还应采取特殊防护措施，如穿戴防护服。卫生行政部门要做好对处置人员防护的技术指导，组织开展接种疫苗，定期进行血清学监测等。

**4.5.19** 根据突发重大动物疫情的性质、特点、发生区域和发展趋势，未发生动物疫情的区应分析本地受波及的可能性和程度，重点做好以下工作：

（1）密切关注疫情动态，及时获取相关信息。

（2）组织做好本区应急处置所需的人员与物资准备。

（3）开展对养殖、运输、屠宰等环节的动物疫情监测和防控工作，防止突发重大动物疫情的发生和传入。

（4）开展重大动物疫病防疫知识宣传，提高公众自我防护能力和意识。

（5）按规定做好公路、铁路和航空的检疫监督工作。

（6）服从市重大动植物疫情应急指挥部的统一指挥，支援突发重大动物疫情发生地的应急处置工作。

### 4.6　现场指挥部

发生重大动物疫情时，成立由相应部门组成的现场指挥部，负责组织落实市应急委及市重大动植物疫情应急指挥部的决定，协调和调动指挥部成员单位共同开展应急处置工作。

现场指挥部总指挥由疫情所在区主管区长担任，副总指挥由疫情所在区人民政府办主任、农委主任、农业局局长（或动物卫生监督管理局、动物卫生监督管理办公室负责人）担任。负责对突发重大动物疫情现场应急处置工作的统一领导、统一指挥，做出处置突发重大动物疫情的重大决策。

现场指挥部内设综合协调组、综合信息组、疫情处置组、紧急免疫组、封锁治安组、专家和技术保障组、后勤和物资保障组、督查组。各组组成及其职责分工为：

**4.6.1　综合协调组**：由疫情所在区重大动植物疫情应急指挥部办公室的主任任组长，疫情所在区重大动植物疫情应急指挥部办公室、人民政府办公室、兽医行政管理部门（农业局或动物卫生监督管理局、动物卫生监督管理办公室，下同）及有关指挥部成员单位成员组成。负责统一调配人员和物资，协调各组开展现场处理工作。

**4.6.2　综合信息组**：由疫情所在区重大动植物疫情应急指挥部办公室副主任任组长，疫情所在区重大动植物疫情应急指挥部办公室、人民政府办公室、宣传部工作人员组成。负责重大动物疫情应急处置工作信息的管理、收集、分析、上报，以及法律、法规、科普知识的宣传工作。

在处置过程中，区重大动物疫情应急指挥机构应每日向市动植物疫情应急指挥部办公室和区政府续报事件处置进展和发展趋势等情况，直到处置基本结束。市动植物疫情应急指挥部办公室应按要求向市政府报告。

**4.6.3 疫情处置组**：由疫情所在区动物卫生监督机构领导任组长，疫情所在区动物卫生监督机构、卫生、公安、环保、军队、属地乡镇政府（街道）工作人员参加。负责按照现场指挥部的要求对动物进行扑杀、无害化处理工作和消毒等工作。

**4.6.4 封锁治安组**：由疫情所在区公安局主管局长任组长，疫情所在区公安局、公安交通管理局、动物卫生监督机构工作人员参加。负责按照现场指挥部的要求，对划定的疫区实施封锁、维护疫区内的社会治安，对进出疫点、疫区的人员和车辆进行消毒。

**4.6.5 紧急免疫组**：由疫情所在区动物疫病预防与控制中心分管副主任任组长，疫情所在地的行政领导和防疫人员参加。负责按照国家和本市有关规定对疫区和受威胁区内的易感动物开展紧急免疫工作。

**4.6.6 专家和技术保障组**：由疫情所在区动物疫病预防控制机构主任任组长，疫情所在区动物疫病预防控制机构、动物卫生监督机构专业技术人员以及动物疫病防治专家、流行病学专家、卫生防疫专家、野生动物专家、经济专家、法律专家、应急管理专家参加。负责疫情的流行病学调查、诊断，提出划定疫点和疫区的建议，制定综合防控措施，向现场指挥部提供技术支持，并对疫情处理现场的其他工作组提供技术指导，对重大动物疫情进行评估。

**4.6.7 后勤和物资保障组**：由疫情所在兽医行政管理部门负责人任组长，疫情所在区政府办公室、兽医行政管理部门、财政局、动物疫病预防与控制中心工作人员参加。负责按照现场指挥部的要求采购、调拨、发放、回收防疫物资、生活和办公用品，保障疫情处理所需资金及时到位，并做好资金使用情况的监管。

**4.6.8　督查组**：疫情所由疫情所在区政府督查室主任任组长，在区兽医行政管理部门相关人员参加。负责对疫情处置措施落实情况进行督查、指导，发现问题及时纠正。

## 4.7　社会动员

突发重大动物疫情应急处置工作要依靠群众，全民防疫，动员一切资源，做到群防群控。区人民政府负责组织乡镇政府、街道办事处及居委会、村委会等基层组织，加强防疫知识宣传，普及动物防疫法律法规和动物疫病防疫知识，提高养殖业从业者和广大群众的防疫意识和自身防护意识，增强全社会的防范意识，开展群防群控。

## 4.8　疫情公布

重大动物疫情由国务院兽医行政管理部门按照国家规定的程序及时准确公布；其他任何单位和个人不得公布重大动物疫情。

## 4.9　响应级别调整

疫情处置过程中要遵循突发重大动物疫情发生发展的客观规律，注重分析发展趋势，结合实际情况和预防控制工作的需要，及时调整响应级别。

### 4.9.1　响应级别调整条件

对势态和影响不断扩大的疫情，应及时提高响应级别。

对涉及重点时间、重点地区和重点人群的疫情可相应提高响应级别。对范围局限、不会进一步扩散的疫情，应相应降低响应级别。

### 4.9.2　响应级别调整程序

由市或区重大动植物疫情应急指挥部专家组对疫情处置情况、疫情发生发展趋势以及次生和衍生灾害隐患等因素进行分析评估。评估认为符合级别调整条件的，由市或区重大动植物疫情应急指挥部办公室提出调整应急响应级别建议，报市或区政府批准后实施。

### 4.9.3 扩大应急

如果依靠本市现有应急资源和人力难以实施有效处置突发重大动物疫情，需要国家或其他省市提供援助和支持时，由市应急委提请市委、市政府将情况上报党中央、国务院，报请党中央、国务院统一协调、调动各方面应急资源共同参与疫情处置工作。

当国务院决定成立国家突发动物疫情应急指挥部，并根据《国家突发重大动物疫情应急预案》启动Ⅰ级应急响应时，本市各部门要全力配合，开展各项应急处置工作。

### 4.10 响应结束

疫情应急响应的终止需符合以下条件：自疫区内最后一头（只）发病动物及其同群动物处置完毕起，经过一个潜伏期以上的监测未出现新的病例；彻底消毒后，经市突发重大动物疫情专家顾问组评估验收合格，终止应急响应。

特别重大和重大突发动物疫情由市重大动植物疫情应急指挥部办公室提出终止应急响应的建议，经分管市领导或市应急委主要领导批准后，由市政府发布解除封锁令，撤销疫区，并报农业部备案。

较大和一般突发动物疫情由区动植物疫情应急指挥部办公室提出终止应急响应的建议，经分管区领导或区应急委主要领导批准后，由区政府发布解除封锁令、撤销疫区，并报市重大动植物疫情应急指挥部办公室备案。

## 5 善后恢复

### 5.1 总结与调查评估

应急响应结束后10日内，市、区两级重大动植物疫情应急指挥机构分别向市政府、区政府报送工作总结。报告内容应包括：

疫情基本情况、疫情发生的经过、现场调查和实验室检测的结果，疫情发生的主要原因分析和结论，疫情处置经过、采取的防治措施和经验等。

由相关部门适时组织疫情处置调查评估小组，对应急处置工作进行全面评估。较大以上突发动物疫情应对的评估报告应在处置结束 20 天内将评估报告报送市应急委，同时抄报上一级重大动物疫情应急指挥机构。评估报告应包括：本次疫情防控工作和应急处置过程中存在的问题、社会经济损失评估、改进工作建议和措施。

市应急委及市重大动植物疫情应急指挥部根据上述报告，总结经验教训，建立事件案例库，并提出改进工作的要求和意见。

## 5.2　奖励

市和区政府对参加突发重大动物疫情应急处置做出贡献的先进集体和个人进行表彰；对在应急处置工作中英勇献身的人员，按有关规定追认为烈士。

## 5.3　责任

对在突发重大动物疫情的预防、报告、调查、控制和处置过程中，有玩忽职守、失职、渎职等违纪违法行为的，依据有关法律法规追究当事人的责任。

## 5.4　灾害补偿

按照国家和本市有关规定进行补偿。补偿对象为因扑灭或防止突发重大动物疫情传播，使其饲养动物或财产受损失的单位和个人。扑杀动物的补偿按照《重大动物疫情应急条例》和《北京市强制扑杀动物补偿专项资金管理暂行办法》执行。

## 5.5　抚恤和补助

各级政府要按照国家有关规定，组织有关部门对因参与应急处置工作致病、致残、死亡的人员，给予相应的补助和抚恤。

## 5.6 恢复生产

突发重大动物疫情扑灭后，取消封锁限制及流通控制等限制性措施。根据突发重大动物疫情的特点，对疫点和疫区进行持续监测。符合要求的，方可重新引进动物，恢复养殖业生产。

## 5.7 社会救助

突发重大动物疫情发生后，各级民政部门应按照《中华人民共和国公益事业捐赠法》《救灾捐赠管理暂行办法》及国家有关政策规定，做好社会各界向疫区捐赠救灾物资及资金的接收、分配和使用等管理工作。

## 6 保障措施

动物疫情发生后，各级政府应积极组织协调农业、卫生、发展和改革、民政、财政、交通、公安、工商、城管、质量技术监督、园林绿化等部门，做好疫情处置的应急保障工作。

## 6.1 技术保障

**6.1.1** 市重大动植物疫情应急指挥部办公室负责完善应急指挥技术支撑体系，以满足处置突发重大动物疫情的指挥要求。

**6.1.2** 市重大动植物疫情应急指挥部办公室和各区要逐步建立和完善应急指挥基础数据库，做到及时维护更新，为突发重大动物疫情应急指挥及分析决策提供支持。

**6.1.3** 市重大动植物疫情应急指挥部办公室要在市应急办的指导和市经济信息化委的配合下，通过本市各有线政务专网和无线政务专网等运行单位，建立覆盖市、区、街道（乡镇）、社区（村）的四级网络传输体系，建立跨部门、多路由、有线和无线相结合的稳定可靠的应急通信系统。在通信干线中断或现有网络盲区时，利用卫星、微波等通信手段，保障市重大动植物疫情应急指挥部与现场指挥部之间的联系。

### 6.2　交通运输保障

交通部门要优先安排防疫应急物资的调运，市公安局做好防疫应急物资运输的通行保障工作。

### 6.3　紧急医疗卫生救援保障

卫生行政部门负责做好人间疫区（疫点）的确定与解除，应急物资、特殊药品、诊断试剂、防护用品储备，紧急医疗救治，流行病学调查，病原学检测与鉴定，消毒与净化等应急工作。

### 6.4　治安保障

公安部门和武警部队要协助做好疫区封锁和强制扑杀工作，做好疫区安全保卫和社会治安管理。

### 6.5　物资保障

应按照分级储备的原则，建立防疫应急物资储备库，储备足够的消毒药品、疫苗、诊断试剂、器械、防护用品、交通及通信工具等。

应根据易感动物养殖量和疫病控制情况，对储备物资进行合理计划。主要包括：（1）重大动物疫病疫苗；（2）诊断试剂；（3）采样设备，包括采样箱、采样器械、保温用品、样品储放容器、相关试液等；（4）消毒药品，包括医用酒精、氯制剂、过氧乙酸、火碱、高锰酸钾等；（5）消毒设备，包括高压消毒机、便携消毒机具、消毒容器等；（6）防护用品，包括透气连体衣裤、乳胶手套、普通白大褂、帽子、口罩、防水鞋、安全风镜等；（7）运输工具，包括封闭运输车、卡车、现场诊断和消毒专用车等；（8）密封用具，高强度环保密封塑料袋、塑料布等；（9）通讯工具，包括车载电话、对讲机等；（10）其他用品，包括毛巾、手电筒等。

### 6.6　经费保障

将突发重大动物疫情应急处置相关经费纳入市和区级预备费

保障范围。发生突发事件时，首先，调整部门预算（含机动经费）优先安排保障突发应急工作的支出；其次，调整部门预算资金不足时，经市、区政府批准，分情况动用市、区级预备费统筹安排。

每年用于强制免疫、防疫应急物资储备、疫情监测、应急处置等所需经费，市、区两级财政要予以保障，具体经费补助标准和管理办法由农业部门会同财政部门共同制定。

各级财政在保证防疫经费及时、足额到位的同时，要加强对防疫经费使用的管理和监督。

## 6.7 科研与国际交

市重大动植物疫情应急指挥部办公室按计划组织开展应对突发重大动物疫情的科学研究工作，开展国际交流与合作，提高应急管理整体水平。

## 7 培训、演练和宣传教育

### 7.1 培训

市和区重大动植物疫情应急指挥部办公室要会同有关部门，面向本系统应急指挥和疫情处理预备队等应急处置人员，以突发动物疫情事件预防、应急指挥、综合协调等为重要内容，开展各类业务培训。

### 7.2 演练

市和区两级重大动植物疫情应急指挥部每年要有计划地组织开展突发重大动物疫情应急演练。

### 7.3 宣传教育

市重大动植物疫情应急指挥部办公室应会同市委宣传部，组织有关部门，并充分发挥有关社会团体的作用，利用广播、电视、报刊、互联网、微博、微信、手册、明白纸等多种形式向社会公众开展突发重大动物疫情应急知识的普及教育，宣传动物疫病防控科普知识，指导群众以科学的行为和方式应对突发重大动物疫情。

资料来源：https://www.beijing.gov.cn/zhengce/zhengcefagui/2019 05/t20190522_61505.html

# 附录三　病原微生物实验室生物安全管理条例（2018 年修订）

## 第一章　总　则

**第一条**　为了加强病原微生物实验室（以下称实验室）生物安全管理，保护实验室工作人员和公众的健康，制定本条例。

**第二条**　对中华人民共和国境内的实验室及其从事实验活动的生物安全管理，适用本条例。

本条例所称病原微生物，是指能够使人或者动物致病的微生物。

本条例所称实验活动，是指实验室从事与病原微生物菌（毒）种、样本有关的研究、教学、检测、诊断等活动。

**第三条**　国务院卫生主管部门主管与人体健康有关的实验室及其实验活动的生物安全监督工作。

国务院兽医主管部门主管与动物有关的实验室及其实验活动的生物安全监督工作。

国务院其他有关部门在各自职责范围内负责实验室及其实验活动的生物安全管理工作。

县级以上地方人民政府及其有关部门在各自职责范围内负责实验室及其实验活动的生物安全管理工作。

**第四条**　国家对病原微生物实行分类管理，对实验室实行分级管理。

**第五条**　国家实行统一的实验室生物安全标准。实验室应当符合国家标准和要求。

**第六条**　实验室的设立单位及其主管部门负责实验室日常活动的管理，承担建立健全安全管理制度，检查、维护实验设施、设备，控制实验室感染的职责。

## 第二章　病原微生物的分类和管理

**第七条**　国家根据病原微生物的传染性、感染后对个体或者群体的危害程度，将病原微生物分为四类：

第一类病原微生物，是指能够引起人类或者动物非常严重疾病的微生物，以及我国尚未发现或者已经宣布消灭的微生物。

第二类病原微生物，是指能够引起人类或者动物严重疾病，比较容易直接或者间接在人与人、动物与人、动物与动物间传播的微生物。

第三类病原微生物，是指能够引起人类或者动物疾病，但一般情况下对人、动物或者环境不构成严重危害，传播风险有限，实验室感染后很少引起严重疾病，并且具备有效治疗和预防措施的微生物。

第四类病原微生物，是指在通常情况下不会引起人类或者动物疾病的微生物。

第一类、第二类病原微生物统称为高致病性病原微生物。

**第八条**　人间传染的病原微生物名录由国务院卫生主管部门商国务院有关部门后制定、调整并予以公布；动物间传染的病原微生物名录由国务院兽医主管部门商国务院有关部门后制定、调整并予以公布。

**第九条**　采集病原微生物样本应当具备下列条件：

（一）具有与采集病原微生物样本所需要的生物安全防护水平相适应的设备；

（二）具有掌握相关专业知识和操作技能的工作人员；

（三）具有有效的防止病原微生物扩散和感染的措施；

（四）具有保证病原微生物样本质量的技术方法和手段。

采集高致病性病原微生物样本的工作人员在采集过程中应当防止病原微生物扩散和感染，并对样本的来源、采集过程和方法等作详细记录。

**第十条** 运输高致病性病原微生物菌（毒）种或者样本，应当通过陆路运输；没有陆路通道，必须经水路运输的，可以通过水路运输；紧急情况下或者需要将高致病性病原微生物菌（毒）种或者样本运往国外的，可以通过民用航空运输。

**第十一条** 运输高致病性病原微生物菌（毒）种或者样本，应当具备下列条件：

（一）运输目的、高致病性病原微生物的用途和接收单位符合国务院卫生主管部门或者兽医主管部门的规定；

（二）高致病性病原微生物菌（毒）种或者样本的容器应当密封，容器或者包装材料还应当符合防水、防破损、防外泄、耐高（低）温、耐高压的要求；

（三）容器或者包装材料上应当印有国务院卫生主管部门或者兽医主管部门规定的生物危险标识、警告用语和提示用语。

运输高致病性病原微生物菌（毒）种或者样本，应当经省级以上人民政府卫生主管部门或者兽医主管部门批准。在省、自治区、直辖市行政区域内运输的，由省、自治区、直辖市人民政府卫生主管部门或者兽医主管部门批准；需要跨省、自治区、直辖市运输或者运往国外的，由出发地的省、自治区、直辖市人民政府卫生主管部门或者兽医主管部门进行初审后，分别报国务院卫生主管部门或者兽医主管部门批准。

出入境检验检疫机构在检验检疫过程中需要运输病原微生物样本的，由国务院出入境检验检疫部门批准，并同时向国务院卫生主管部门或者兽医主管部门通报。

通过民用航空运输高致病性病原微生物菌（毒）种或者样本的，除依照本条第二款、第三款规定取得批准外，还应当经国务院民用航空主管部门批准。

有关主管部门应当对申请人提交的关于运输高致病性病原微生物菌（毒）种或者样本的申请材料进行审查，对符合本条第一款规定条件的，应当即时批准。

**第十二条**　运输高致病性病原微生物菌（毒）种或者样本，应当由不少于2人的专人护送，并采取相应的防护措施。

有关单位或者个人不得通过公共电（汽）车和城市铁路运输病原微生物菌（毒）种或者样本。

**第十三条**　需要通过铁路、公路、民用航空等公共交通工具运输高致病性病原微生物菌（毒）种或者样本的，承运单位应当凭本条例第十一条规定的批准文件予以运输。

承运单位应当与护送人共同采取措施，确保所运输的高致病性病原微生物菌（毒）种或者样本的安全，严防发生被盗、被抢、丢失、泄漏事件。

**第十四条**　国务院卫生主管部门或者兽医主管部门指定的菌（毒）种保藏中心或者专业实验室（以下称保藏机构），承担集中储存病原微生物菌（毒）种和样本的任务。

保藏机构应当依照国务院卫生主管部门或者兽医主管部门的规定，储存实验室送交的病原微生物菌（毒）种和样本，并向实验室提供病原微生物菌（毒）种和样本。

保藏机构应当制定严格的安全保管制度，作好病原微生物菌

（毒）种和样本进出和储存的记录，建立档案制度，并指定专人负责。对高致病性病原微生物菌（毒）种和样本应当设专库或者专柜单独储存。

保藏机构储存、提供病原微生物菌（毒）种和样本，不得收取任何费用，其经费由同级财政在单位预算中予以保障。

保藏机构的管理办法由国务院卫生主管部门会同国务院兽医主管部门制定。

**第十五条** 保藏机构应当凭实验室依照本条例的规定取得的从事高致病性病原微生物相关实验活动的批准文件，向实验室提供高致病性病原微生物菌（毒）种和样本，并予以登记。

**第十六条** 实验室在相关实验活动结束后，应当依照国务院卫生主管部门或者兽医主管部门的规定，及时将病原微生物菌（毒）种和样本就地销毁或者送交保藏机构保管。

保藏机构接受实验室送交的病原微生物菌（毒）种和样本，应当予以登记，并开具接收证明。

**第十七条** 高致病性病原微生物菌（毒）种或者样本在运输、储存中被盗、被抢、丢失、泄漏的，承运单位、护送人、保藏机构应当采取必要的控制措施，并在 2 小时内分别向承运单位的主管部门、护送人所在单位和保藏机构的主管部门报告，同时向所在地的县级人民政府卫生主管部门或者兽医主管部门报告，发生被盗、被抢、丢失的，还应当向公安机关报告；接到报告的卫生主管部门或者兽医主管部门应当在 2 小时内向本级人民政府报告，并同时向上级人民政府卫生主管部门或者兽医主管部门和国务院卫生主管部门或者兽医主管部门报告。

县级人民政府应当在接到报告后 2 小时内向设区的市级人民政府或者上一级人民政府报告；设区的市级人民政府应当在接到报告后 2 小时内向省、自治区、直辖市人民政府报告。省、自治区、直辖市人民政府应当在接到报告后 1 小时内，向国务院卫生主管部门或者兽医主管部门报告。

任何单位和个人发现高致病性病原微生物菌（毒）种或者样本的容器或者包装材料，应当及时向附近的卫生主管部门或者兽医主管部门报告；接到报告的卫生主管部门或者兽医主管部门应当及时组织调查核实，并依法采取必要的控制措施。

# 第三章　实验室的设立与管理

**第十八条**　国家根据实验室对病原微生物的生物安全防护水平，并依照实验室生物安全国家标准的规定，将实验室分为一级、二级、三级、四级。

**第十九条**　新建、改建、扩建三级、四级实验室或者生产、进口移动式三级、四级实验室应当遵守下列规定：

（一）符合国家生物安全实验室体系规划并依法履行有关审批手续；

（二）经国务院科技主管部门审查同意；

（三）符合国家生物安全实验室建筑技术规范；

（四）依照《中华人民共和国环境影响评价法》的规定进行环境影响评价并经环境保护主管部门审查批准；

（五）生物安全防护级别与其拟从事的实验活动相适应。

前款规定所称国家生物安全实验室体系规划，由国务院投资主管部门会同国务院有关部门制定。制定国家生物安全实验室体系规划应当遵循总量控制、合理布局、资源共享的原则，并应当召开听证会或者论证会，听取公共卫生、环境保护、投资管理和实验室管理等方面专家的意见。

**第二十条** 三级、四级实验室应当通过实验室国家认可。

国务院认证认可监督管理部门确定的认可机构应当依照实验室生物安全国家标准以及本条例的有关规定，对三级、四级实验室进行认可；实验室通过认可的，颁发相应级别的生物安全实验室证书。证书有效期为 5 年。

**第二十一条** 一级、二级实验室不得从事高致病性病原微生物实验活动。三级、四级实验室从事高致病性病原微生物实验活动，应当具备下列条件：

（一）实验目的和拟从事的实验活动符合国务院卫生主管部门或者兽医主管部门的规定；

（二）具有与拟从事的实验活动相适应的工作人员；

（三）工程质量经建筑主管部门依法检测验收合格。

国务院卫生主管部门或者兽医主管部门依照各自职责对三级、四级实验室是否符合上述条件进行审查；对符合条件的，发给从事高致病性病原微生物实验活动的资格证书。

**第二十二条** 三级、四级实验室，需要从事某种高致病性病原微生物或者疑似高致病性病原微生物实验活动的，应当依照国务院卫生主管部门或者兽医主管部门的规定报省级以上人民政府卫生主管部门或者兽医主管部门批准。实验活动结果以及工作情况应当向原批准部门报告。

实验室申报或者接受与高致病性病原微生物有关的科研项目，应当符合科研需要和生物安全要求，具有相应的生物安全防护水平。与动物间传染的高致病性病原微生物有关的科研项目，应当经国务院兽医主管部门同意；与人体健康有关的高致病性病原微生物科研项目，实验室应当将立项结果告知省级以上人民政府卫生主管部门。

**第二十三条** 出入境检验检疫机构、医疗卫生机构、动物防疫机构在实验室开展检测、诊断工作时，发现高致病性病原微生物或者疑似高致病性病原微生物，需要进一步从事这类高致病性病原微生物相关实验活动的，应当依照本条例的规定经批准同意，并在具备相应条件的实验室中进行。

专门从事检测、诊断的实验室应当严格依照国务院卫生主管部门或者兽医主管部门的规定，建立健全规章制度，保证实验室生物安全。

第二十四条　省级以上人民政府卫生主管部门或者兽医主管部门应当自收到需要从事高致病性病原微生物相关实验活动的申请之日起 15 日内作出是否批准的决定。

对出入境检验检疫机构为了检验检疫工作的紧急需要，申请在实验室对高致病性病原微生物或者疑似高致病性病原微生物开展进一步实验活动的，省级以上人民政府卫生主管部门或者兽医主管部门应当自收到申请之时起 2 小时内作出是否批准的决定；2 小时内未作出决定的，实验室可以从事相应的实验活动。

省级以上人民政府卫生主管部门或者兽医主管部门应当为申请人通过电报、电传、传真、电子数据交换和电子邮件等方式提出申请提供方便。

第二十五条　新建、改建或者扩建一级、二级实验室，应当向设区的市级人民政府卫生主管部门或者兽医主管部门备案。设区的市级人民政府卫生主管部门或者兽医主管部门应当每年将备案情况汇总后报省、自治区、直辖市人民政府卫生主管部门或者兽医主管部门。

第二十六条　国务院卫生主管部门和兽医主管部门应当定期汇总并互相通报实验室数量和实验室设立、分布情况，以及三级、四级实验室从事高致病性病原微生物实验活动的情况。

第二十七条　已经建成并通过实验室国家认可的三级、四级实验室应当向所在地的县级人民政府环境保护主管部门备案。环境保护主管部门依照法律、行政法规的规定对实验室排放的废水、废气和其他废物处置情况进行监督检查。

第二十八条　对我国尚未发现或者已经宣布消灭的病原微生物，任何单位和个人未经批准不得从事相关实验活动。

为了预防、控制传染病，需要从事前款所指病原微生物相关实验活动的，应当经国务院卫生主管部门或者兽医主管部门批准，并在批准部门指定的专业实验室中进行。

第二十九条　实验室使用新技术、新方法从事高致病性病原微生物相关实验活动的，应当符合防止高致病性病原微生物扩散、保证生物安全和操作者人身安全的要求，并经国家病原微生物实验室生物安全专家委员会论证；经论证可行的，方可使用。

第三十条　需要在动物体上从事高致病性病原微生物相关实验活动的，应当在符合动物实验室生物安全国家标准的三级以上实验室进行。

第三十一条　实验室的设立单位负责实验室的生物安全管理。

实验室的设立单位应当依照本条例的规定制定科学、严格的管理制度，并定期对有关生物安全规定的落实情况进行检查，定期对实验室设施、设备、材料等进行检查、维护和更新，以确保其符合国家标准。

实验室的设立单位及其主管部门应当加强对实验室日常活动的管理。

第三十二条　实验室负责人为实验室生物安全的第一责任人。

实验室从事实验活动应当严格遵守有关国家标准和实验室技术规范、操作规程。实验室负责人应当指定专人监督检查实验室技术规范和操作规程的落实情况。

第三十三条　从事高致病性病原微生物相关实验活动的实验

室的设立单位，应当建立健全安全保卫制度，采取安全保卫措施，严防高致病性病原微生物被盗、被抢、丢失、泄漏，保障实验室及其病原微生物的安全。实验室发生高致病性病原微生物被盗、被抢、丢失、泄漏的，实验室的设立单位应当依照本条例第十七条的规定进行报告。

从事高致病性病原微生物相关实验活动的实验室应当向当地公安机关备案，并接受公安机关有关实验室安全保卫工作的监督指导。

**第三十四条**　实验室或者实验室的设立单位应当每年定期对工作人员进行培训，保证其掌握实验室技术规范、操作规程、生物安全防护知识和实际操作技能，并进行考核。工作人员经考核合格的，方可上岗。

从事高致病性病原微生物相关实验活动的实验室，应当每半年将培训、考核其工作人员的情况和实验室运行情况向省、自治区、直辖市人民政府卫生主管部门或者兽医主管部门报告。

**第三十五条**　从事高致病性病原微生物相关实验活动应当有2名以上的工作人员共同进行。

进入从事高致病性病原微生物相关实验活动的实验室的工作人员或者其他有关人员，应当经实验室负责人批准。实验室应当为其提供符合防护要求的防护用品并采取其他职业防护措施。从事高致病性病原微生物相关实验活动的实验室，还应当对实验室工作人员进行健康监测，每年组织对其进行体检，并建立健康档案；必要时，应当对实验室工作人员进行预防接种。

**第三十六条**　在同一个实验室的同一个独立安全区域内，只能同时从事一种高致病性病原微生物的相关实验活动。

**第三十七条**　实验室应当建立实验档案，记录实验室使用情况和安全监督情况。实验室从事高致病性病原微生物相关实验活动的实验档案保存期，不得少于 20 年。

**第三十八条** 实验室应当依照环境保护的有关法律、行政法规和国务院有关部门的规定，对废水、废气以及其他废物进行处置，并制定相应的环境保护措施，防止环境污染。

**第三十九条** 三级、四级实验室应当在明显位置标示国务院卫生主管部门和兽医主管部门规定的生物危险标识和生物安全实验室级别标志。

**第四十条** 从事高致病性病原微生物相关实验活动的实验室应当制定实验室感染应急处置预案，并向该实验室所在地的省、自治区、直辖市人民政府卫生主管部门或者兽医主管部门备案。

**第四十一条** 国务院卫生主管部门和兽医主管部门会同国务院有关部门组织病原学、免疫学、检验医学、流行病学、预防兽医学、环境保护和实验室管理等方面的专家，组成国家病原微生物实验室生物安全专家委员会。该委员会承担从事高致病性病原微生物相关实验活动的实验室的设立与运行的生物安全评估和技术咨询、论证工作。

省、自治区、直辖市人民政府卫生主管部门和兽医主管部门会同同级人民政府有关部门组织病原学、免疫学、检验医学、流行病学、预防兽医学、环境保护和实验室管理等方面的专家，组成本地区病原微生物实验室生物安全专家委员会。该委员会承担本地区实验室设立和运行的技术咨询工作。

# 第四章 实验室感染控制

**第四十二条** 实验室的设立单位应当指定专门的机构或者人员承担实验室感染控制工作，定期检查实验室的生物安全防护、病原微生物菌（毒）种和样本保存与使用、安全操作、实验室排放的废水和废气以及其他废物处置等规章制度的实施情况。

负责实验室感染控制工作的机构或者人员应当具有与该实验室中的病原微生物有关的传染病防治知识，并定期调查、了解实验室工作人员的健康状况。

**第四十三条**　实验室工作人员出现与本实验室从事的高致病性病原微生物相关实验活动有关的感染临床症状或者体征时，实验室负责人应当向负责实验室感染控制工作的机构或者人员报告，同时派专人陪同及时就诊；实验室工作人员应当将近期所接触的病原微生物的种类和危险程度如实告知诊治医疗机构。接诊的医疗机构应当及时救治；不具备相应救治条件的，应当依照规定将感染的实验室工作人员转诊至具备相应传染病救治条件的医疗机构；具备相应传染病救治条件的医疗机构应当接诊治疗，不得拒绝救治。

**第四十四条**　实验室发生高致病性病原微生物泄漏时，实验室工作人员应当立即采取控制措施，防止高致病性病原微生物扩散，并同时向负责实验室感染控制工作的机构或者人员报告。

**第四十五条**　负责实验室感染控制工作的机构或者人员接到本条例第四十三条、第四十四条规定的报告后，应当立即启动实验室感染应急处置预案，并组织人员对该实验室生物安全状况等情况进行调查；确认发生实验室感染或者高致病性病原微生物泄漏的，应当依照本条例第十七条的规定进行报告，并同时采取控制措施，对有关人员进行医学观察或者隔离治疗，封闭实验室，防止扩散。

**第四十六条**　卫生主管部门或者兽医主管部门接到关于实验室发生工作人员感染事故或者病原微生物泄漏事件的报告，或者发现实验室从事病原微生物相关实验活动造成实验室感染事故的，应当立即组织疾病预防控制机构、动物防疫监督机构和医疗机构以及其他有关机构依法采取下列预防、控制措施：

（一）封闭被病原微生物污染的实验室或者可能造成病原微生物扩散的场所；

（二）开展流行病学调查；

（三）对病人进行隔离治疗，对相关人员进行医学检查；

（四）对密切接触者进行医学观察；

（五）进行现场消毒；

（六）对染疫或者疑似染疫的动物采取隔离、扑杀等措施；

（七）其他需要采取的预防、控制措施。

**第四十七条** 医疗机构或者兽医医疗机构及其执行职务的医务人员发现由于实验室感染而引起的与高致病性病原微生物相关的传染病病人、疑似传染病病人或者患有疫病、疑似患有疫病的动物，诊治的医疗机构或者兽医医疗机构应当在2小时内报告所在地的县级人民政府卫生主管部门或者兽医主管部门；接到报告的卫生主管部门或者兽医主管部门应当在2小时内通报实验室所在地的县级人民政府卫生主管部门或者兽医主管部门。接到通报的卫生主管部门或者兽医主管部门应当依照本条例第四十六条的规定采取预防、控制措施。

**第四十八条** 发生病原微生物扩散，有可能造成传染病暴发、流行时，县级以上人民政府卫生主管部门或者兽医主管部门应当依照有关法律、行政法规的规定以及实验室感染应急处置预案进行处理。

# 第五章 监督管理

**第四十九条** 县级以上地方人民政府卫生主管部门、兽医主管部门依照各自分工，履行下列职责：

（一）对病原微生物菌（毒）种、样本的采集、运输、储存进行监督检查；

（二）对从事高致病性病原微生物相关实验活动的实验室是否符合本条例规定的条件进行监督检查；

（三）对实验室或者实验室的设立单位培训、考核其工作人员以及上岗人员的情况进行监督检查；

（四）对实验室是否按照有关国家标准、技术规范和操作规程从事病原微生物相关实验活动进行监督检查。

县级以上地方人民政府卫生主管部门、兽医主管部门，应当主要通过检查反映实验室执行国家有关法律、行政法规以及国家标准和要求的记录、档案、报告，切实履行监督管理职责。

**第五十条**　县级以上人民政府卫生主管部门、兽医主管部门、环境保护主管部门在履行监督检查职责时，有权进入被检查单位和病原微生物泄漏或者扩散现场调查取证、采集样品，查阅复制有关资料。需要进入从事高致病性病原微生物相关实验活动的实验室调查取证、采集样品的，应当指定或者委托专业机构实施。被检查单位应当予以配合，不得拒绝、阻挠。

**第五十一条**　国务院认证认可监督管理部门依照《中华人民共和国认证认可条例》的规定对实验室认可活动进行监督检查。

**第五十二条**　卫生主管部门、兽医主管部门、环境保护主管部门应当依据法定的职权和程序履行职责，做到公正、公平、公开、文明、高效。

**第五十三条**　卫生主管部门、兽医主管部门、环境保护主管部门的执法人员执行职务时，应当有 2 名以上执法人员参加，出示执法证件，并依照规定填写执法文书。

现场检查笔录、采样记录等文书经核对无误后，应当由执法人员和被检查人、被采样人签名。被检查人、被采样人拒绝签名的，执法人员应当在自己签名后注明情况。

**第五十四条** 卫生主管部门、兽医主管部门、环境保护主管部门及其执法人员执行职务，应当自觉接受社会和公民的监督。公民、法人和其他组织有权向上级人民政府及其卫生主管部门、兽医主管部门、环境保护主管部门举报地方人民政府及其有关主管部门不依照规定履行职责的情况。接到举报的有关人民政府或者其卫生主管部门、兽医主管部门、环境保护主管部门，应当及时调查处理。

**第五十五条** 上级人民政府卫生主管部门、兽医主管部门、环境保护主管部门发现属于下级人民政府卫生主管部门、兽医主管部门、环境保护主管部门职责范围内需要处理的事项的，应当及时告知该部门处理；下级人民政府卫生主管部门、兽医主管部门、环境保护主管部门不及时处理或者不积极履行本部门职责的，上级人民政府卫生主管部门、兽医主管部门、环境保护主管部门应当责令其限期改正；逾期不改正的，上级人民政府卫生主管部门、兽医主管部门、环境保护主管部门有权直接予以处理。

# 第六章　法律责任

**第五十六条** 三级、四级实验室未经批准从事某种高致病性病原微生物或者疑似高致病性病原微生物实验活动的，由县级以上地方人民政府卫生主管部门、兽医主管部门依照各自职责，责令停止有关活动，监督其将用于实验活动的病原微生物销毁或者送交保藏机构，并给予警告；造成传染病传播、流行或者其他严重后果的，由实验室的设立单位对主要负责人、直接负责的主管人员和其他直接责任人员，依法给予撤职、开除的处分；构成犯罪的，依法追究刑事责任。

　　**第五十七条**　卫生主管部门或者兽医主管部门违反本条例的规定，准予不符合本条例规定条件的实验室从事高致病性病原微生物相关实验活动的，由作出批准决定的卫生主管部门或者兽医主管部门撤销原批准决定，责令有关实验室立即停止有关活动，并监督其将用于实验活动的病原微生物销毁或者送交保藏机构，对直接负责的主管人员和其他直接责任人员依法给予行政处分；构成犯罪的，依法追究刑事责任。

　　因违法作出批准决定给当事人的合法权益造成损害的，作出批准决定的卫生主管部门或者兽医主管部门应当依法承担赔偿责任。

　　**第五十八条**　卫生主管部门或者兽医主管部门对出入境检验检疫机构为了检验检疫工作的紧急需要，申请在实验室对高致病性病原微生物或者疑似高致病性病原微生物开展进一步检测活动，不在法定期限内作出是否批准决定的，由其上级行政机关或者监察机关责令改正，给予警告；造成传染病传播、流行或者其他严重后果的，对直接负责的主管人员和其他直接责任人员依法给予撤职、开除的行政处分；构成犯罪的，依法追究刑事责任。

　　**第五十九条**　违反本条例规定，在不符合相应生物安全要求的实验室从事病原微生物相关实验活动的，由县级以上地方人民政府卫生主管部门、兽医主管部门依照各自职责，责令停止有关活动，监督其将用于实验活动的病原微生物销毁或者送交保藏机构，并给予警告；造成传染病传播、流行或者其他严重后果的，由实验室的设立单位对主要负责人、直接负责的主管人员和其他直接责任人员，依法给予撤职、开除的处分；构成犯罪的，依法追究刑事责任。

**第六十条** 实验室有下列行为之一的，由县级以上地方人民政府卫生主管部门、兽医主管部门依照各自职责，责令限期改正，给予警告；逾期不改正的，由实验室的设立单位对主要负责人、直接负责的主管人员和其他直接责任人员，依法给予撤职、开除的处分；有许可证件的，并由原发证部门吊销有关许可证件：

（一）未依照规定在明显位置标示国务院卫生主管部门和兽医主管部门规定的生物危险标识和生物安全实验室级别标志的；

（二）未向原批准部门报告实验活动结果以及工作情况的；

（三）未依照规定采集病原微生物样本，或者对所采集样本的来源、采集过程和方法等未作详细记录的；

（四）新建、改建或者扩建一级、二级实验室未向设区的市级人民政府卫生主管部门或者兽医主管部门备案的；

（五）未依照规定定期对工作人员进行培训，或者工作人员考核不合格允许其上岗，或者批准未采取防护措施的人员进入实验室的；

（六）实验室工作人员未遵守实验室生物安全技术规范和操作规程的；

（七）未依照规定建立或者保存实验档案的；

（八）未依照规定制定实验室感染应急处置预案并备案的。

**第六十一条** 经依法批准从事高致病性病原微生物相关实验活动的实验室的设立单位未建立健全安全保卫制度，或者未采取安全保卫措施的，由县级以上地方人民政府卫生主管部门、兽医主管部门依照各自职责，责令限期改正；逾期不改正，导致高致病性病原微生物菌（毒）种、样本被盗、被抢或者造成其他严重后果的，责令停止该项实验活动，该实验室2年内不得申请从事高致病性病原微生物实验活动；造成传染病传播、流行的，该实验室设立单位的主管部门还应当对该实验室的设立单位的直接负责的主管人员和其他直接责任人员，依法给予降级、撤职、开除的处分；构成犯罪的，依法追究刑事责任。

第六十二条　未经批准运输高致病性病原微生物菌（毒）种或者样本，或者承运单位经批准运输高致病性病原微生物菌（毒）种或者样本未履行保护义务，导致高致病性病原微生物菌（毒）种或者样本被盗、被抢、丢失、泄漏的，由县级以上地方人民政府卫生主管部门、兽医主管部门依照各自职责，责令采取措施，消除隐患，给予警告；造成传染病传播、流行或者其他严重后果的，由托运单位和承运单位的主管部门对主要负责人、直接负责的主管人员和其他直接责任人员，依法给予撤职、开除的处分；构成犯罪的，依法追究刑事责任。

第六十三条　有下列行为之一的，由实验室所在地的设区的市级以上地方人民政府卫生主管部门、兽医主管部门依照各自职责，责令有关单位立即停止违法活动，监督其将病原微生物销毁或者送交保藏机构；造成传染病传播、流行或者其他严重后果的，由其所在单位或者其上级主管部门对主要负责人、直接负责的主管人员和其他直接责任人员，依法给予撤职、开除的处分；有许可证件的，并由原发证部门吊销有关许可证件；构成犯罪的，依法追究刑事责任：

（一）实验室在相关实验活动结束后，未依照规定及时将病原微生物菌（毒）种和样本就地销毁或者送交保藏机构保管的；

（二）实验室使用新技术、新方法从事高致病性病原微生物相关实验活动未经国家病原微生物实验室生物安全专家委员会论证的；

（三）未经批准擅自从事在我国尚未发现或者已经宣布消灭的病原微生物相关实验活动的；

（四）在未经指定的专业实验室从事在我国尚未发现或者已

经宣布消灭的病原微生物相关实验活动的；

（五）在同一个实验室的同一个独立安全区域内同时从事两种或者两种以上高致病性病原微生物的相关实验活动的。

**第六十四条** 认可机构对不符合实验室生物安全国家标准以及本条例规定条件的实验室予以认可，或者对符合实验室生物安全国家标准以及本条例规定条件的实验室不予认可的，由国务院认证认可监督管理部门责令限期改正，给予警告；造成传染病传播、流行或者其他严重后果的，由国务院认证认可监督管理部门撤销其认可资格，有上级主管部门的，由其上级主管部门对主要负责人、直接负责的主管人员和其他直接责任人员依法给予撤职、开除的处分；构成犯罪的，依法追究刑事责任。

**第六十五条** 实验室工作人员出现该实验室从事的病原微生物相关实验活动有关的感染临床症状或者体征，以及实验室发生高致病性病原微生物泄漏时，实验室负责人、实验室工作人员、负责实验室感染控制的专门机构或者人员未依照规定报告，或者未依照规定采取控制措施的，由县级以上地方人民政府卫生主管部门、兽医主管部门依照各自职责，责令限期改正，给予警告；造成传染病传播、流行或者其他严重后果的，由其设立单位对实验室主要负责人、直接负责的主管人员和其他直接责任人员，依法给予撤职、开除的处分；有许可证件的，并由原发证部门吊销有关许可证件；构成犯罪的，依法追究刑事责任。

**第六十六条** 拒绝接受卫生主管部门、兽医主管部门依法开展有关高致病性病原微生物扩散的调查取证、采集样品等活动或者依照本条例规定采取有关预防、控制措施的，由县级以上人民政府卫生主管部门、兽医主管部门依照各自职责，责令改正，给予警告；造成传染病传播、流行以及其他严重后果的，由实验室的设立单位对实验室主要负责人、直接负责的主管人员和其他直接责任人员，依法给予降级、撤职、开除的处分；有许可证件的，并由原发证部门吊销有关许可证件；构成犯罪的，依法追究刑事责任。

第六十七条　发生病原微生物被盗、被抢、丢失、泄漏，承运单位、护送人、保藏机构和实验室的设立单位未依照本条例的规定报告的，由所在地的县级人民政府卫生主管部门或者兽医主管部门给予警告；造成传染病传播、流行或者其他严重后果的，由实验室的设立单位或者承运单位、保藏机构的上级主管部门对主要负责人、直接负责的主管人员和其他直接责任人员，依法给予撤职、开除的处分；构成犯罪的，依法追究刑事责任。

第六十八条　保藏机构未依照规定储存实验室送交的菌（毒）种和样本，或者未依照规定提供菌（毒）种和样本的，由其指定部门责令限期改正，收回违法提供的菌（毒）种和样本，并给予警告；造成传染病传播、流行或者其他严重后果的，由其所在单位或者其上级主管部门对主要负责人、直接负责的主管人员和其他直接责任人员，依法给予撤职、开除的处分；构成犯罪的，依法追究刑事责任。

第六十九条　县级以上人民政府有关主管部门，未依照本条例的规定履行实验室及其实验活动监督检查职责的，由有关人民政府在各自职责范围内责令改正，通报批评；造成传染病传播、流行或者其他严重后果的，对直接负责的主管人员，依法给予行政处分；构成犯罪的，依法追究刑事责任。

# 第七章　附　则

第七十条　军队实验室由中国人民解放军卫生主管部门参照

本条例负责监督管理。

**第七十一条** 本条例施行前设立的实验室，应当自本条例施行之日起 6 个月内，依照本条例的规定，办理有关手续。

**第七十二条** 本条例自公布之日起施行。

资料来源：https：//www. gov. cn/zhengce/2020-12/27/content_5574545. htm

# 附录四　一、二、三类动物疫病病种名录

**一类动物疫病（11 种）**

口蹄疫、猪水疱病、非洲猪瘟、尼帕病毒性脑炎、非洲马瘟、牛海绵状脑病、牛瘟、牛传染性胸膜肺炎、痒病、小反刍兽疫、高致病性禽流感

**二类动物疫病（37 种）**

**多种动物共患病（7 种）：** 狂犬病、布鲁氏菌病、炭疽、蓝舌病、日本脑炎、棘球蚴病、日本血吸虫病

**牛病（3 种）：** 牛结节性皮肤病、牛传染性鼻气管炎（传染性脓疱外阴阴道炎）、牛结核病

**绵羊和山羊病（2 种）：** 绵羊痘和山羊痘、山羊传染性胸膜肺炎

**马病（2 种）：** 马传染性贫血、马鼻疽

**猪病（3 种）：** 猪瘟、猪繁殖与呼吸综合征、猪流行性腹泻

**禽病（3 种）：** 新城疫、鸭瘟、小鹅瘟

**兔病（1 种）：** 兔出血症

**蜜蜂病（2 种）：** 美洲蜜蜂幼虫腐臭病、欧洲蜜蜂幼虫腐臭病

**鱼类病（11 种）：** 鲤春病毒血症、草鱼出血病、传染性脾肾坏死病、锦鲤疱疹病毒病、刺激隐核虫病、淡水鱼细菌性败血症、病毒性神经坏死病、传染性造血器官坏死病、流行性溃疡综合征、鲫造血器官坏死病、鲤浮肿病

**甲壳类病（3 种）：** 白斑综合征、十足目虹彩病毒病、虾肝肠

胞虫病

**三类动物疫病（126 种）**

**多种动物共患病（25 种）：**伪狂犬病、轮状病毒感染、产气荚膜梭菌病、大肠杆菌病、巴氏杆菌病、沙门氏菌病、李氏杆菌病、链球菌病、溶血性曼氏杆菌病、副结核病、类鼻疽、支原体病、衣原体病、附红细胞体病、Q 热、钩端螺旋体病、东毕吸虫病、华支睾吸虫病、囊尾蚴病、片形吸虫病、旋毛虫病、血矛线虫病、弓形虫病、伊氏锥虫病、隐孢子虫病

**牛病（10 种）：**牛病毒性腹泻、牛恶性卡他热、地方流行性牛白血病、牛流行热、牛冠状病毒感染、牛赤羽病、牛生殖道弯曲杆菌病、毛滴虫病、牛梨形虫病、牛无浆体病

**绵羊和山羊病（7 种）：**山羊关节炎/脑炎、梅迪-维斯纳病、绵羊肺腺瘤病、羊传染性脓疱皮炎、干酪性淋巴结炎、羊梨形虫病、羊无浆体病

**马病（8 种）：**马流行性淋巴管炎、马流感、马腺疫、马鼻肺炎、马病毒性动脉炎、马传染性子宫炎、马媾疫、马梨形虫病

**猪病（13 种）：**猪细小病毒感染、猪丹毒、猪传染性胸膜肺炎、猪波氏菌病、猪圆环病毒病、格拉瑟病、猪传染性胃肠炎、猪流感、猪丁型冠状病毒感染、猪塞内卡病毒感染、仔猪红痢、猪痢疾、猪增生性肠病

**禽病（21 种）：**禽传染性喉气管炎、禽传染性支气管炎、禽白血病、传染性法氏囊病、马立克病、禽痘、鸭病毒性肝炎、鸭浆膜炎、鸡球虫病、低致病性禽流感、禽网状内皮组织增殖病、鸡病毒性关节炎、禽传染性脑脊髓炎、鸡传染性鼻炎、禽坦布苏病毒感染、禽腺病毒感染、鸡传染性贫血、禽偏肺病毒感染、鸡红螨病、鸡坏死性肠炎、鸭呼肠孤病毒感染

**兔病（2 种）**：兔波氏菌病、兔球虫病

**蚕、蜂病（8 种）**：蚕多角体病、蚕白僵病、蚕微粒子病、蜂螨病、瓦螨病、亮热厉螨病、蜜蜂孢子虫病、白垩病

**犬猫等动物病（10 种）**：水貂阿留申病、水貂病毒性肠炎、犬瘟热、犬细小病毒病、犬传染性肝炎、猫泛白细胞减少症、猫嵌杯病毒感染、猫传染性腹膜炎、犬巴贝斯虫病、利什曼原虫病

**鱼类病（11 种）**：真鲷虹彩病毒病、传染性胰脏坏死病、牙鲆弹状病毒病、鱼爱德华氏菌病、链球菌病、细菌性肾病、杀鲑气单胞菌病、小瓜虫病、黏孢子虫病、三代虫病、指环虫病

**甲壳类病（5 种）**：黄头病、桃拉综合征、传染性皮下和造血组织坏死病、急性肝胰腺坏死病、河蟹螺原体病

**贝类病（3 种）**：鲍疱疹病毒病、奥尔森派琴虫病、牡蛎疱疹病毒病

**两栖与爬行类病（3 种）**：两栖类蛙虹彩病毒病、鳖腮腺炎病、蛙脑膜炎败血症

资料来源：http://www.xmsyj.moa.gov.cn/gzdt/202206/t20220629_6403635.htm

# 附录五　中华人民共和国生物安全法

## 目　录

# 第一章　总　则

**第一条**　为了维护国家安全，防范和应对生物安全风险，保障人民生命健康，保护生物资源和生态环境，促进生物技术健康发展，推动构建人类命运共同体，实现人与自然和谐共生，制定本法。

**第二条**　本法所称生物安全，是指国家有效防范和应对危险生物因子及相关因素威胁，生物技术能够稳定健康发展，人民生命健康和生态系统相对处于没有危险和不受威胁的状态，生物领域具备维护国家安全和持续发展的能力。

从事下列活动，适用本法：

（一）防控重大新发突发传染病、动植物疫情；

（二）生物技术研究、开发与应用；

（三）病原微生物实验室生物安全管理；

（四）人类遗传资源与生物资源安全管理；

（五）防范外来物种入侵与保护生物多样性；

（六）应对微生物耐药；

（七）防范生物恐怖袭击与防御生物武器威胁；

（八）其他与生物安全相关的活动。

**第三条**　生物安全是国家安全的重要组成部分。维护生物安全应当贯彻总体国家安全观，统筹发展和安全，坚持以人为本、风险预防、分类管理、协同配合的原则。

**第四条**　坚持中国共产党对国家生物安全工作的领导，建立健全国家生物安全领导体制，加强国家生物安全风险防控和治理体系建设，提高国家生物安全治理能力。

**第五条** 国家鼓励生物科技创新，加强生物安全基础设施和生物科技人才队伍建设，支持生物产业发展，以创新驱动提升生物科技水平，增强生物安全保障能力。

**第六条** 国家加强生物安全领域的国际合作，履行中华人民共和国缔结或者参加的国际条约规定的义务，支持参与生物科技交流合作与生物安全事件国际救援，积极参与生物安全国际规则的研究与制定，推动完善全球生物安全治理。

**第七条** 各级人民政府及其有关部门应当加强生物安全法律法规和生物安全知识宣传普及工作，引导基层群众性自治组织、社会组织开展生物安全法律法规和生物安全知识宣传，促进全社会生物安全意识的提升。

相关科研院校、医疗机构以及其他企业事业单位应当将生物安全法律法规和生物安全知识纳入教育培训内容，加强学生、从业人员生物安全意识和伦理意识的培养。

新闻媒体应当开展生物安全法律法规和生物安全知识公益宣传，对生物安全违法行为进行舆论监督，增强公众维护生物安全的社会责任意识。

**第八条** 任何单位和个人不得危害生物安全。

任何单位和个人有权举报危害生物安全的行为；接到举报的部门应当及时依法处理。

**第九条** 对在生物安全工作中作出突出贡献的单位和个人，县级以上人民政府及其有关部门按照国家规定予以表彰和奖励。

# 第二章　生物安全风险防控体制

**第十条** 中央国家安全领导机构负责国家生物安全工作的决

策和议事协调，研究制定、指导实施国家生物安全战略和有关重大方针政策，统筹协调国家生物安全的重大事项和重要工作，建立国家生物安全工作协调机制。

省、自治区、直辖市建立生物安全工作协调机制，组织协调、督促推进本行政区域内生物安全相关工作。

**第十一条**　国家生物安全工作协调机制由国务院卫生健康、农业农村、科学技术、外交等主管部门和有关军事机关组成，分析研判国家生物安全形势，组织协调、督促推进国家生物安全相关工作。国家生物安全工作协调机制设立办公室，负责协调机制的日常工作。

国家生物安全工作协调机制成员单位和国务院其他有关部门根据职责分工，负责生物安全相关工作。

**第十二条**　国家生物安全工作协调机制设立专家委员会，为国家生物安全战略研究、政策制定及实施提供决策咨询。

国务院有关部门组织建立相关领域、行业的生物安全技术咨询专家委员会，为生物安全工作提供咨询、评估、论证等技术支撑。

**第十三条**　地方各级人民政府对本行政区域内生物安全工作负责。

县级以上地方人民政府有关部门根据职责分工，负责生物安全相关工作。

基层群众性自治组织应当协助地方人民政府以及有关部门做好生物安全风险防控、应急处置和宣传教育等工作。

有关单位和个人应当配合做好生物安全风险防控和应急处置等工作。

**第十四条**　国家建立生物安全风险监测预警制度。国家生物安全工作协调机制组织建立国家生物安全风险监测预警体系，提高生物安全风险识别和分析能力。

**第十五条** 国家建立生物安全风险调查评估制度。国家生物安全工作协调机制应当根据风险监测的数据、资料等信息，定期组织开展生物安全风险调查评估。

有下列情形之一的，有关部门应当及时开展生物安全风险调查评估，依法采取必要的风险防控措施：

（一）通过风险监测或者接到举报发现可能存在生物安全风险；

（二）为确定监督管理的重点领域、重点项目，制定、调整生物安全相关名录或者清单；

（三）发生重大新发突发传染病、动植物疫情等危害生物安全的事件；

（四）需要调查评估的其他情形。

**第十六条** 国家建立生物安全信息共享制度。国家生物安全工作协调机制组织建立统一的国家生物安全信息平台，有关部门应当将生物安全数据、资料等信息汇交国家生物安全信息平台，实现信息共享。

**第十七条** 国家建立生物安全信息发布制度。国家生物安全总体情况、重大生物安全风险警示信息、重大生物安全事件及其调查处理信息等重大生物安全信息，由国家生物安全工作协调机制成员单位根据职责分工发布；其他生物安全信息由国务院有关部门和县级以上地方人民政府及其有关部门根据职责权限发布。

任何单位和个人不得编造、散布虚假的生物安全信息。

**第十八条** 国家建立生物安全名录和清单制度。国务院及其有关部门根据生物安全工作需要，对涉及生物安全的材料、设备、技术、活动、重要生物资源数据、传染病、动植物疫病、外来入侵物种等制定、公布名录或者清单，并动态调整。

**第十九条**　国家建立生物安全标准制度。国务院标准化主管部门和国务院其他有关部门根据职责分工，制定和完善生物安全领域相关标准。

国家生物安全工作协调机制组织有关部门加强不同领域生物安全标准的协调和衔接，建立和完善生物安全标准体系。

**第二十条**　国家建立生物安全审查制度。对影响或者可能影响国家安全的生物领域重大事项和活动，由国务院有关部门进行生物安全审查，有效防范和化解生物安全风险。

**第二十一条**　国家建立统一领导、协同联动、有序高效的生物安全应急制度。

国务院有关部门应当组织制定相关领域、行业生物安全事件应急预案，根据应急预案和统一部署开展应急演练、应急处置、应急救援和事后恢复等工作。

县级以上地方人民政府及其有关部门应当制定并组织、指导和督促相关企业事业单位制定生物安全事件应急预案，加强应急准备、人员培训和应急演练，开展生物安全事件应急处置、应急救援和事后恢复等工作。

中国人民解放军、中国人民武装警察部队按照中央军事委员会的命令，依法参加生物安全事件应急处置和应急救援工作。

**第二十二条**　国家建立生物安全事件调查溯源制度。发生重大新发突发传染病、动植物疫情和不明原因的生物安全事件，国家生物安全工作协调机制应当组织开展调查溯源，确定事件性质，全面评估事件影响，提出意见建议。

**第二十三条**　国家建立首次进境或者暂停后恢复进境的动植物、动植物产品、高风险生物因子国家准入制度。

进出境的人员、运输工具、集装箱、货物、物品、包装物和国际航行船舶压舱水排放等应当符合我国生物安全管理要求。

海关对发现的进出境和过境生物安全风险，应当依法处置。经评估为生物安全高风险的人员、运输工具、货物、物品等，应当从指定的国境口岸进境，并采取严格的风险防控措施。

**第二十四条**　国家建立境外重大生物安全事件应对制度。境外发生重大生物安全事件的，海关依法采取生物安全紧急防控措施，加强证件核验，提高查验比例，暂停相关人员、运输工具、货物、物品等进境。必要时经国务院同意，可以采取暂时关闭有关口岸、封锁有关国境等措施。

**第二十五条**　县级以上人民政府有关部门应当依法开展生物安全监督检查工作，被检查单位和个人应当配合，如实说明情况，提供资料，不得拒绝、阻挠。

涉及专业技术要求较高、执法业务难度较大的监督检查工作，应当有生物安全专业技术人员参加。

**第二十六条**　县级以上人民政府有关部门实施生物安全监督检查，可以依法采取下列措施：

（一）进入被检查单位、地点或者涉嫌实施生物安全违法行为的场所进行现场监测、勘查、检查或者核查；

（二）向有关单位和个人了解情况；

（三）查阅、复制有关文件、资料、档案、记录、凭证等；

（四）查封涉嫌实施生物安全违法行为的场所、设施；

（五）扣押涉嫌实施生物安全违法行为的工具、设备以及相关物品；

（六）法律法规规定的其他措施。

有关单位和个人的生物安全违法信息应当依法纳入全国信用信息共享平台。

# 第三章　防控重大新发突发传染病、动植物疫情

**第二十七条**　国务院卫生健康、农业农村、林业草原、海关、生态环境主管部门应当建立新发突发传染病、动植物疫情、进出境检疫、生物技术环境安全监测网络，组织监测站点布局、建设，完善监测信息报告系统，开展主动监测和病原检测，并纳入国家生物安全风险监测预警体系。

**第二十八条**　疾病预防控制机构、动物疫病预防控制机构、植物病虫害预防控制机构（以下统称专业机构）应当对传染病、动植物疫病和列入监测范围的不明原因疾病开展主动监测，收集、分析、报告监测信息，预测新发突发传染病、动植物疫病的发生、流行趋势。

国务院有关部门、县级以上地方人民政府及其有关部门应当根据预测和职责权限及时发布预警，并采取相应的防控措施。

**第二十九条**　任何单位和个人发现传染病、动植物疫病的，应当及时向医疗机构、有关专业机构或者部门报告。

医疗机构、专业机构及其工作人员发现传染病、动植物疫病或者不明原因的聚集性疾病的，应当及时报告，并采取保护性措施。

依法应当报告的，任何单位和个人不得瞒报、谎报、缓报、漏报，不得授意他人瞒报、谎报、缓报，不得阻碍他人报告。

**第三十条**　国家建立重大新发突发传染病、动植物疫情联防联控机制。

发生重大新发突发传染病、动植物疫情，应当依照有关法律法规和应急预案的规定及时采取控制措施；国务院卫生健康、农

业农村、林业草原主管部门应当立即组织疫情会商研判，将会商研判结论向中央国家安全领导机构和国务院报告，并通报国家生物安全工作协调机制其他成员单位和国务院其他有关部门。

发生重大新发突发传染病、动植物疫情，地方各级人民政府统一履行本行政区域内疫情防控职责，加强组织领导，开展群防群控、医疗救治，动员和鼓励社会力量依法有序参与疫情防控工作。

第三十一条 国家加强国境、口岸传染病和动植物疫情联合防控能力建设，建立传染病、动植物疫情防控国际合作网络，尽早发现、控制重大新发突发传染病、动植物疫情。

第三十二条 国家保护野生动物，加强动物防疫，防止动物源性传染病传播。

第三十三条 国家加强对抗生素药物等抗微生物药物使用和残留的管理，支持应对微生物耐药的基础研究和科技攻关。

县级以上人民政府卫生健康主管部门应当加强对医疗机构合理用药的指导和监督，采取措施防止抗微生物药物的不合理使用。县级以上人民政府农业农村、林业草原主管部门应当加强对农业生产中合理用药的指导和监督，采取措施防止抗微生物药物的不合理使用，降低在农业生产环境中的残留。

国务院卫生健康、农业农村、林业草原、生态环境等主管部门和药品监督管理部门应当根据职责分工，评估抗微生物药物残留对人体健康、环境的危害，建立抗微生物药物污染物指标评价体系。

# 第四章 生物技术研究、开发与应用安全

第三十四条 国家加强对生物技术研究、开发与应用活动的

安全管理，禁止从事危及公众健康、损害生物资源、破坏生态系统和生物多样性等危害生物安全的生物技术研究、开发与应用活动。

从事生物技术研究、开发与应用活动，应当符合伦理原则。

**第三十五条** 从事生物技术研究、开发与应用活动的单位应当对本单位生物技术研究、开发与应用的安全负责，采取生物安全风险防控措施，制定生物安全培训、跟踪检查、定期报告等工作制度，强化过程管理。

**第三十六条** 国家对生物技术研究、开发活动实行分类管理。根据对公众健康、工业农业、生态环境等造成危害的风险程度，将生物技术研究、开发活动分为高风险、中风险、低风险三类。

生物技术研究、开发活动风险分类标准及名录由国务院科学技术、卫生健康、农业农村等主管部门根据职责分工，会同国务院其他有关部门制定、调整并公布。

**第三十七条** 从事生物技术研究、开发活动，应当遵守国家生物技术研究开发安全管理规范。

从事生物技术研究、开发活动，应当进行风险类别判断，密切关注风险变化，及时采取应对措施。

**第三十八条** 从事高风险、中风险生物技术研究、开发活动，应当由在我国境内依法成立的法人组织进行，并依法取得批准或者进行备案。

从事高风险、中风险生物技术研究、开发活动，应当进行风险评估，制定风险防控计划和生物安全事件应急预案，降低研究、开发活动实施的风险。

**第三十九条** 国家对涉及生物安全的重要设备和特殊生物因子实行追溯管理。购买或者引进列入管控清单的重要设备和特殊生物因子，应当进行登记，确保可追溯，并报国务院有关部门备案。

个人不得购买或者持有列入管控清单的重要设备和特殊生物因子。

**第四十条** 从事生物医学新技术临床研究，应当通过伦理审查，并在具备相应条件的医疗机构内进行；进行人体临床研究操作的，应当由符合相应条件的卫生专业技术人员执行。

**第四十一条** 国务院有关部门依法对生物技术应用活动进行跟踪评估，发现存在生物安全风险的，应当及时采取有效补救和管控措施。

# 第五章 病原微生物实验室生物安全

**第四十二条** 国家加强对病原微生物实验室生物安全的管理，制定统一的实验室生物安全标准。病原微生物实验室应当符合生物安全国家标准和要求。

从事病原微生物实验活动，应当严格遵守有关国家标准和实验室技术规范、操作规程，采取安全防范措施。

**第四十三条** 国家根据病原微生物的传染性、感染后对人和动物的个体或者群体的危害程度，对病原微生物实行分类管理。

从事高致病性或者疑似高致病性病原微生物样本采集、保藏、运输活动，应当具备相应条件，符合生物安全管理规范。具体办法由国务院卫生健康、农业农村主管部门制定。

**第四十四条** 设立病原微生物实验室，应当依法取得批准或者进行备案。

个人不得设立病原微生物实验室或者从事病原微生物实验活动。

第四十五条　国家根据对病原微生物的生物安全防护水平，对病原微生物实验室实行分等级管理。

从事病原微生物实验活动应当在相应等级的实验室进行。低等级病原微生物实验室不得从事国家病原微生物目录规定应当在高等级病原微生物实验室进行的病原微生物实验活动。

第四十六条　高等级病原微生物实验室从事高致病性或者疑似高致病性病原微生物实验活动，应当经省级以上人民政府卫生健康或者农业农村主管部门批准，并将实验活动情况向批准部门报告。

对我国尚未发现或者已经宣布消灭的病原微生物，未经批准不得从事相关实验活动。

第四十七条　病原微生物实验室应当采取措施，加强对实验动物的管理，防止实验动物逃逸，对使用后的实验动物按照国家规定进行无害化处理，实现实验动物可追溯。禁止将使用后的实验动物流入市场。

病原微生物实验室应当加强对实验活动废弃物的管理，依法对废水、废气以及其他废弃物进行处置，采取措施防止污染。

第四十八条　病原微生物实验室的设立单位负责实验室的生物安全管理，制定科学、严格的管理制度，定期对有关生物安全规定的落实情况进行检查，对实验室设施、设备、材料等进行检查、维护和更新，确保其符合国家标准。

病原微生物实验室设立单位的法定代表人和实验室负责人对实验室的生物安全负责。

第四十九条　病原微生物实验室的设立单位应当建立和完善安全保卫制度，采取安全保卫措施，保障实验室及其病原微生物的安全。

国家加强对高等级病原微生物实验室的安全保卫。高等级病原微生物实验室应当接受公安机关等部门有关实验室安全保卫工作的监督指导，严防高致病性病原微生物泄漏、丢失和被盗、被抢。

国家建立高等级病原微生物实验室人员进入审核制度。进入高等级病原微生物实验室的人员应当经实验室负责人批准。对可能影响实验室生物安全的，不予批准；对批准进入的，应当采取安全保障措施。

**第五十条**　病原微生物实验室的设立单位应当制定生物安全事件应急预案，定期组织开展人员培训和应急演练。发生高致病性病原微生物泄漏、丢失和被盗、被抢或者其他生物安全风险的，应当按照应急预案的规定及时采取控制措施，并按照国家规定报告。

**第五十一条**　病原微生物实验室所在地省级人民政府及其卫生健康主管部门应当加强实验室所在地感染性疾病医疗资源配置，提高感染性疾病医疗救治能力。

**第五十二条**　企业对涉及病原微生物操作的生产车间的生物安全管理，依照有关病原微生物实验室的规定和其他生物安全管理规范进行。

涉及生物毒素、植物有害生物及其他生物因子操作的生物安全实验室的建设和管理，参照有关病原微生物实验室的规定执行。

# 第六章　人类遗传资源与生物资源安全

**第五十三条**　国家加强对我国人类遗传资源和生物资源采集、保藏、利用、对外提供等活动的管理和监督，保障人类遗传资源和生物资源安全。

国家对我国人类遗传资源和生物资源享有主权。

**第五十四条**　国家开展人类遗传资源和生物资源调查。

国务院科学技术主管部门组织开展我国人类遗传资源调查，制定重要遗传家系和特定地区人类遗传资源申报登记办法。

国务院科学技术、自然资源、生态环境、卫生健康、农业农村、林业草原、中医药主管部门根据职责分工，组织开展生物资源调查，制定重要生物资源申报登记办法。

**第五十五条**　采集、保藏、利用、对外提供我国人类遗传资源，应当符合伦理原则，不得危害公众健康、国家安全和社会公共利益。

**第五十六条**　从事下列活动，应当经国务院科学技术主管部门批准：

（一）采集我国重要遗传家系、特定地区人类遗传资源或者采集国务院科学技术主管部门规定的种类、数量的人类遗传资源；

（二）保藏我国人类遗传资源；

（三）利用我国人类遗传资源开展国际科学研究合作；

（四）将我国人类遗传资源材料运送、邮寄、携带出境。

前款规定不包括以临床诊疗、采供血服务、查处违法犯罪、兴奋剂检测和殡葬等为目的采集、保藏人类遗传资源及开展的相关活动。

为了取得相关药品和医疗器械在我国上市许可，在临床试验机构利用我国人类遗传资源开展国际合作临床试验、不涉及人类遗传资源出境的，不需要批准；但是，在开展临床试验前应当将拟使用的人类遗传资源种类、数量及用途向国务院科学技术主管部门备案。

境外组织、个人及其设立或者实际控制的机构不得在我国境内采集、保藏我国人类遗传资源，不得向境外提供我国人类遗传资源。

**第五十七条** 将我国人类遗传资源信息向境外组织、个人及其设立或者实际控制的机构提供或者开放使用的，应当向国务院科学技术主管部门事先报告并提交信息备份。

**第五十八条** 采集、保藏、利用、运输出境我国珍贵、濒危、特有物种及其可用于再生或者繁殖传代的个体、器官、组织、细胞、基因等遗传资源，应当遵守有关法律法规。

境外组织、个人及其设立或者实际控制的机构获取和利用我国生物资源，应当依法取得批准。

**第五十九条** 利用我国生物资源开展国际科学研究合作，应当依法取得批准。

利用我国人类遗传资源和生物资源开展国际科学研究合作，应当保证中方单位及其研究人员全过程、实质性地参与研究，依法分享相关权益。

**第六十条** 国家加强对外来物种入侵的防范和应对，保护生物多样性。国务院农业农村主管部门会同国务院其他有关部门制定外来入侵物种名录和管理办法。

国务院有关部门根据职责分工，加强对外来入侵物种的调查、监测、预警、控制、评估、清除以及生态修复等工作。

任何单位和个人未经批准，不得擅自引进、释放或者丢弃外来物种。

# 第七章　防范生物恐怖与生物武器威胁

**第六十一条** 国家采取一切必要措施防范生物恐怖与生物武器威胁。

禁止开发、制造或者以其他方式获取、储存、持有和使用生物武器。

禁止以任何方式唆使、资助、协助他人开发、制造或者以其他方式获取生物武器。

**第六十二条**　国务院有关部门制定、修改、公布可被用于生物恐怖活动、制造生物武器的生物体、生物毒素、设备或者技术清单，加强监管，防止其被用于制造生物武器或者恐怖目的。

**第六十三条**　国务院有关部门和有关军事机关根据职责分工，加强对可被用于生物恐怖活动、制造生物武器的生物体、生物毒素、设备或者技术进出境、进出口、获取、制造、转移和投放等活动的监测、调查，采取必要的防范和处置措施。

**第六十四条**　国务院有关部门、省级人民政府及其有关部门负责组织遭受生物恐怖袭击、生物武器攻击后的人员救治与安置、环境消毒、生态修复、安全监测和社会秩序恢复等工作。

国务院有关部门、省级人民政府及其有关部门应当有效引导社会舆论科学、准确报道生物恐怖袭击和生物武器攻击事件，及时发布疏散、转移和紧急避难等信息，对应急处置与恢复过程中遭受污染的区域和人员进行长期环境监测和健康监测。

**第六十五条**　国家组织开展对我国境内战争遗留生物武器及其危害结果、潜在影响的调查。

国家组织建设存放和处理战争遗留生物武器设施，保障对战争遗留生物武器的安全处置。

# 第八章　生物安全能力建设

**第六十六条**　国家制定生物安全事业发展规划，加强生物安全能力建设，提高应对生物安全事件的能力和水平。

县级以上人民政府应当支持生物安全事业发展，按照事权划分，将支持下列生物安全事业发展的相关支出列入政府预算：

（一）监测网络的构建和运行；

（二）应急处置和防控物资的储备；

（三）关键基础设施的建设和运行；

（四）关键技术和产品的研究、开发；

（五）人类遗传资源和生物资源的调查、保藏；

（六）法律法规规定的其他重要生物安全事业。

**第六十七条** 国家采取措施支持生物安全科技研究，加强生物安全风险防御与管控技术研究，整合优势力量和资源，建立多学科、多部门协同创新的联合攻关机制，推动生物安全核心关键技术和重大防御产品的成果产出与转化应用，提高生物安全的科技保障能力。

**第六十八条** 国家统筹布局全国生物安全基础设施建设。国务院有关部门根据职责分工，加快建设生物信息、人类遗传资源保藏、菌（毒）种保藏、动植物遗传资源保藏、高等级病原微生物实验室等方面的生物安全国家战略资源平台，建立共享利用机制，为生物安全科技创新提供战略保障和支撑。

**第六十九条** 国务院有关部门根据职责分工，加强生物基础科学研究人才和生物领域专业技术人才培养，推动生物基础科学学科建设和科学研究。

国家生物安全基础设施重要岗位的从业人员应当具备符合要求的资格，相关信息应当向国务院有关部门备案，并接受岗位培训。

**第七十条** 国家加强重大新发突发传染病、动植物疫情等生物安全风险防控的物资储备。

国家加强生物安全应急药品、装备等物资的研究、开发和技术储备。国务院有关部门根据职责分工，落实生物安全应急药品、装备等物资研究、开发和技术储备的相关措施。

国务院有关部门和县级以上地方人民政府及其有关部门应当保障生物安全事件应急处置所需的医疗救护设备、救治药品、医疗器械等物资的生产、供应和调配；交通运输主管部门应当及时组织协调运输经营单位优先运送。

**第七十一条**　国家对从事高致病性病原微生物实验活动、生物安全事件现场处置等高风险生物安全工作的人员，提供有效的防护措施和医疗保障。

# 第九章　法律责任

**第七十二条**　违反本法规定，履行生物安全管理职责的工作人员在生物安全工作中滥用职权、玩忽职守、徇私舞弊或者有其他违法行为的，依法给予处分。

**第七十三条**　违反本法规定，医疗机构、专业机构或者其工作人员瞒报、谎报、缓报、漏报，授意他人瞒报、谎报、缓报，或者阻碍他人报告传染病、动植物疫病或者不明原因的聚集性疾病的，由县级以上人民政府有关部门责令改正，给予警告；对法定代表人、主要负责人、直接负责的主管人员和其他直接责任人员，依法给予处分，并可以依法暂停一定期限的执业活动直至吊销相关执业证书。

违反本法规定，编造、散布虚假的生物安全信息，构成违反治安管理行为的，由公安机关依法给予治安管理处罚。

**第七十四条**　违反本法规定，从事国家禁止的生物技术研究、开发与应用活动的，由县级以上人民政府卫生健康、科学技术、农业农村主管部门根据职责分工，责令停止违法行为，没收违法所得、技术资料和用于违法行为的工具、设备、原材料等物品，处一百万元以上一千万元以下的罚款，违法所得在一百万元以上的，处违法所得十倍以上二十倍以下的罚款，并可以依法禁止一定期限内从事相应的生物技术研究、开发与应用活动，吊销相关许可证件；对法定代表人、主要负责人、直接负责的主管人员和其他直接责任人员，依法给予处分，处十万元以上二十万元以下的罚款，十年直至终身禁止从事相应的生物技术研究、开发与应用活动，依法吊销相关执业证书。

**第七十五条** 违反本法规定，从事生物技术研究、开发活动未遵守国家生物技术研究开发安全管理规范的，由县级以上人民政府有关部门根据职责分工，责令改正，给予警告，可以并处二万元以上二十万元以下的罚款；拒不改正或者造成严重后果的，责令停止研究、开发活动，并处二十万元以上二百万元以下的罚款。

**第七十六条** 违反本法规定，从事病原微生物实验活动未在相应等级的实验室进行，或者高等级病原微生物实验室未经批准从事高致病性、疑似高致病性病原微生物实验活动的，由县级以上地方人民政府卫生健康、农业农村主管部门根据职责分工，责令停止违法行为，监督其将用于实验活动的病原微生物销毁或者送交保藏机构，给予警告；造成传染病传播、流行或者其他严重后果的，对法定代表人、主要负责人、直接负责的主管人员和其他直接责任人员依法给予撤职、开除处分。

**第七十七条** 违反本法规定，将使用后的实验动物流入市场的，由县级以上人民政府科学技术主管部门责令改正，没收违法所得，并处二十万元以上一百万元以下的罚款，违法所得在二十万元以上的，并处违法所得五倍以上十倍以下的罚款；情节严重的，由发证部门吊销相关许可证件。

第七十八条　违反本法规定，有下列行为之一的，由县级以上人民政府有关部门根据职责分工，责令改正，没收违法所得，给予警告，可以并处十万元以上一百万元以下的罚款：

（一）购买或者引进列入管控清单的重要设备、特殊生物因子未进行登记，或者未报国务院有关部门备案；

（二）个人购买或者持有列入管控清单的重要设备或者特殊生物因子；

（三）个人设立病原微生物实验室或者从事病原微生物实验活动；

（四）未经实验室负责人批准进入高等级病原微生物实验室。

第七十九条　违反本法规定，未经批准，采集、保藏我国人类遗传资源或者利用我国人类遗传资源开展国际科学研究合作的，由国务院科学技术主管部门责令停止违法行为，没收违法所得和违法采集、保藏的人类遗传资源，并处五十万元以上五百万元以下的罚款，违法所得在一百万元以上的，并处违法所得五倍以上十倍以下的罚款；情节严重的，对法定代表人、主要负责人、直接负责的主管人员和其他直接责任人员，依法给予处分，五年内禁止从事相应活动。

第八十条　违反本法规定，境外组织、个人及其设立或者实际控制的机构在我国境内采集、保藏我国人类遗传资源，或者向境外提供我国人类遗传资源的，由国务院科学技术主管部门责令停止违法行为，没收违法所得和违法采集、保藏的人类遗传资源，并处一百万元以上一千万元以下的罚款；违法所得在一百万元以上的，并处违法所得十倍以上二十倍以下的罚款。

第八十一条　违反本法规定，未经批准，擅自引进外来物种的，由县级以上人民政府有关部门根据职责分工，没收引进的外来物种，并处五万元以上二十五万元以下的罚款。

违反本法规定，未经批准，擅自释放或者丢弃外来物种的，由县级以上人民政府有关部门根据职责分工，责令限期捕回、找回释放或者丢弃的外来物种，处一万元以上五万元以下的罚款。

**第八十二条** 违反本法规定，构成犯罪的，依法追究刑事责任；造成人身、财产或者其他损害的，依法承担民事责任。

**第八十三条** 违反本法规定的生物安全违法行为，本法未规定法律责任，其他有关法律、行政法规有规定的，依照其规定。

**第八十四条** 境外组织或者个人通过运输、邮寄、携带危险生物因子入境或者以其他方式危害我国生物安全的，依法追究法律责任，并可以采取其他必要措施。

# 第十章　附　则

**第八十五条** 本法下列术语的含义：

（一）生物因子，是指动物、植物、微生物、生物毒素及其他生物活性物质。

（二）重大新发突发传染病，是指我国境内首次出现或者已经宣布消灭再次发生，或者突然发生，造成或者可能造成公众健康和生命安全严重损害，引起社会恐慌，影响社会稳定的传染病。

（三）重大新发突发动物疫情，是指我国境内首次发生或者已经宣布消灭的动物疫病再次发生，或者发病率、死亡率较高的潜伏动物疫病突然发生并迅速传播，给养殖业生产安全造成严重威胁、危害，以及可能对公众健康和生命安全造成危害的情形。

（四）重大新发突发植物疫情，是指我国境内首次发生或者已经宣布消灭的严重危害植物的真菌、细菌、病毒、昆虫、线虫、杂草、害鼠、软体动物等再次引发病虫害，或者本地有害生物突然大范围发生并迅速传播，对农作物、林木等植物造成严重危害的情形。

（五）生物技术研究、开发与应用，是指通过科学和工程原理认识、改造、合成、利用生物而从事的科学研究、技术开发与应用等活动。

（六）病原微生物，是指可以侵犯人、动物引起感染甚至传染病的微生物，包括病毒、细菌、真菌、立克次体、寄生虫等。

（七）植物有害生物，是指能够对农作物、林木等植物造成危害的真菌、细菌、病毒、昆虫、线虫、杂草、害鼠、软体动物等生物。

（八）人类遗传资源，包括人类遗传资源材料和人类遗传资源信息。人类遗传资源材料是指含有人体基因组、基因等遗传物质的器官、组织、细胞等遗传材料。人类遗传资源信息是指利用人类遗传资源材料产生的数据等信息资料。

（九）微生物耐药，是指微生物对抗微生物药物产生抗性，导致抗微生物药物不能有效控制微生物的感染。

（十）生物武器，是指类型和数量不属于预防、保护或者其他和平用途所正当需要的、任何来源或者任何方法产生的微生物剂、其他生物剂以及生物毒素；也包括为将上述生物剂、生物毒素使用于敌对目的或者武装冲突而设计的武器、设备或者运载工具。

（十一）生物恐怖，是指故意使用致病性微生物、生物毒素等实施袭击，损害人类或者动植物健康，引起社会恐慌，企图达到特定政治目的的行为。

**第八十六条**　生物安全信息属于国家秘密的，应当依照《中华人民共和国保守国家秘密法》和国家其他有关保密规定实施保密管理。

**第八十七条** 中国人民解放军、中国人民武装警察部队的生物安全活动，由中央军事委员会依照本法规定的原则另行规定。

**第八十八条** 本法自 2021 年 4 月 15 日起施行。

资料来源：https://www. gov. cn/xinwen/2020-10/18/content_55 52108. htm

# 附录六　动物衣原体病诊断技术

## 前　言

本标准按照 GB/T 1.1—2009 给出的规则起草。

本标准代替 NY/T 562—2002《动物衣原体病诊断技术》。

本标准与 NY/T 562—2002 相比，病原检测部分增加了血清学诊断技术和 PCR 诊断技术。

本标准由中华人民共和国农业部提出。

本标准由全国动物防疫标准化技术委员会（SAC/TC 181）归口。

本标准起草单位：中国农业科学院兰州兽医研究所。

本标准主要起草人：周继章、曹小安、宫晓炜、陈启伟、郑福英、李兆才、邱昌庆、殷宏。

本标准的历次版本发布情况为：

——NY/T 562—2002。

# 动物衣原体病诊断技术

## 1 范围

本标准规定了动物衣原体鸡胚分离与传代培养技术、血清学诊断技术及 PCR 诊断技术。

本标准适用于实验室动物衣原体的分离、传代培养和动物衣原体病的诊断。其中，血清学直接补体结合试验（Direct Complement Fixation Test，DCF）适用于哺乳动物（猪除外）和鹦鹉、鸽（7 岁以上老龄鸽除外）衣原体病的诊断；间接补体结合试验（Indirect Complement Fixation Test，ICF）适用于禽类（鹦鹉、鸽除外，但包括老龄鸽）和猪衣原体病的诊断；间接血凝试验（Indirect Hemagglutination Test，IHA）适用于动物衣原体病的产地检疫、疫情监测和流行病学调查；PCR 诊断技术适用于牛、羊、猪和禽衣原体病的诊断。

## 2 术语和定义

下列术语和定义适用于本文件。

### 2.1

**工作量抗原　workload antigen**

能发生完全反应的抗原量的单位，能与最高稀释度的血清呈现完全抑制溶血反应的最高抗原稀释度即为 1 个工作量抗原的效价。

### 2.2

**指示血清　serum directed**

与该抗原相应的哺乳动物抗血清。试验中测定的最高的标准血清稀释度即为 1 个工作量指示血清的效价。

**2.3**

**补体结合试验 complement fixation test，CF**

抗体与抗原反应形成复合物，通过激活补体而介导溶血反应，可作为反应强度的指示系统。以往多用于病毒学检测。

**2.4**

**间接血凝试验 indirect hemagglutination test，IHA**

将抗原（或抗体）包被于红细胞表面，成为致敏的载体，然后与相应的抗体（或抗原）结合，从而使红细胞拉聚在一起，出现可见的凝集反应。

## 3 动物衣原体的分离与培养

### 3.1 试验材料

疑似或确定为衣原体感染的样本、鸡胚、孵化箱、无菌操作间、生物安全柜、冰箱、照蛋设备、鸡胚气室开孔器、注射器、6号针头、离心机、碘酊、70%酒精、链霉素、卡那霉素、生理盐水等。

### 3.2 材料要求

### 3.2.1 样本采集

采集的样本应无杂菌污染，包括肝脏、脾脏、流产胎儿胃液、胎衣、流产分泌物等，其中流产胎儿的胃液为首选样本。样品进行涂片姬姆萨染色（见附录 A），油镜下观察疑似有衣原体染色颗粒（原生小体，EB）为紫红色，大小 0.2～0.6 μm；网状体（RB）为蓝黑色，直径为 0.6～1.8 μm。样本在室外或常温条件下放置时间不应超过 72 h，采集的样本应尽快放置于 -20℃冰箱备用。如需较长时间保存，应置于 -80℃超低温冰箱。

### 3.2.2 鸡胚要求

分离培养衣原体用的鸡胚最好为 SPF 受精鸡蛋孵育，或者受精鸡蛋至少应来自无衣原体抗体且不使用氨苄类抗生素、四环素类抗生素、广谱抗菌抗病毒类药物的健康鸡群。

### 3.2.3 环境要求

衣原体的分离培养应在实验室内进行，少量的接种分离培养在生物安全柜内操作即可。如果接种鸡胚的数量较大，生物安全柜不能满足要求，应在无菌操作间内进行。鸡胚接种前后均在孵化箱内孵育，保证相对稳定的发育温度和湿度。

## 3.3 试验方法

### 3.3.1 样本的处理

将镜检发现疑似衣原体颗粒，或确定为衣原体且无杂菌污染的液体样本用灭菌生理盐水 1∶4 稀释。如果是组织等样本，按体积大小用灭菌生理盐水 1∶4 稀释后进行研磨破碎处理，3 000 r/min 离心 20 min，在 4℃冰箱中稳定 4 h 左右备用。对疑似污染的样本研磨粉碎后，用含链霉素（1 mg/mL）和卡那霉素（1 mg/mL）的生理盐水 1∶4 稀释，3 000 r/min 离心 20 min，取其上清液以 4 000~6 000 r/min 再离心，取上清液 4℃冰箱稳定 4 h 左右备用。

### 3.3.2 鸡胚的准备

试验前 7 d，应将分离用的受精鸡蛋放入孵化箱孵育。弃去过大、过小、破壳、软壳、畸形壳蛋等，形成 7 日龄发育的鸡胚。接种前 1 d，应弃去发育不良及死亡胚体，选择发育良好的鸡胚，划定气室及标记发育体的位置以备用。

### 3.3.3 鸡胚的接种

用碘酊消毒气室部位、开孔，孔大小以注射用针头进入为宜，接种深度为 1.5~2.0 cm。每个鸡胚无菌操作接种 0.4 mL 上述处理好的样本于卵黄囊内，蜡封蛋壳针孔，置于 37~38.5℃ 孵化箱内孵育。

### 3.3.4 鸡胚卵黄囊膜的收集

弃去接种后72 h 内死亡的鸡胚，收集接种后4~10 d 内死亡鸡胚卵黄囊膜继续传代，直至接种鸡胚规律性死亡（即接种后 4~7 d 内死亡）。初次接种分离时，接种后 10 d 内未死亡鸡胚，收集第 10 d 未死亡鸡胚卵黄囊膜，涂片姬姆萨染色。显微镜下观察疑似有衣原体染色颗粒，应将该卵黄囊膜继续传代 3~4 次。直至出现规律性死亡为止。继续传代时，将收集的鸡胚卵黄囊膜研磨破碎处理，加入生理盐水稀释（1 个卵黄囊膜加入 4 mL 生理盐水）后，3 000 r/min 离心 20 min，在 4℃ 冰箱中稳定 4 h 左右后，接种 7 日龄发育良好的鸡胚传代。

### 3.4 结果判定

初次分离时，传代鸡胚在接种后 4~7 d 内出现规律性死亡，可初步判定为衣原体感染，进一步的确认需要进行细菌学检测和 PCR 鉴定。初次接种分离时，接种后 10 d 内未死亡鸡胚，取卵黄囊膜涂片染色，显微镜观察疑似有衣原体染色颗粒，应继续使用鸡胚传代 3~4 次，仍然不死亡且显微镜检查未发现疑似衣原体颗粒者，可判为衣原体感染阴性。

## 4 动物衣原体病的 PCR 诊断

### 4.1 试验材料

#### 4.1.1 仪器

PCR 反应仪、低温高速离心机、稳压稳流电泳仪、紫外凝胶成像仪。

#### 4.1.2 试剂

TE buffer、Proteinase K、溶菌酶、Taq DNA 聚合酶、SDS、

饱和酚、无水乙醇、酚：氯仿：异戊醇（25：24：1）、琼脂糖等。

### 4.1.3 引物

登录 Genbank，下载相关的基因序列，设计合成了 2 对引物。

第一对引物：

MP1：5′-ATGAAAAAACTCTTGAAATCGG-3′；

MP2：5′-TTAGAATCTGAATTGAGCATTCAT-3′；

第二对引物：

MP3：5′-CAGGATACTACGGAGATTATGTTT-3′；

MP4：5′-GATTAGATTGAGCGTATTGGAA-3′；

## 4.2 方法

### 4.2.1 衣原体基因组 DNA 的提取

取新鲜或冰冻组织块或鸡胚卵黄膜 0.3~0.5 cm³，剪碎、研磨。加入 400 μL TE 缓冲液，转入到 1.5 mL 的 Eppendorf 管中。以 100 μL 的 TE 缓冲液冲洗匀浆器，冲洗液一并转入 Eppendorf 管中。加入 100 μL 20% 的 SDS（终浓度1%），混匀；加入 Proteinase K 至终浓度为 200 μg/μL，混匀后 60℃ 作用 30 min。振摇混匀后转入 37℃ 水浴 2 h，期间振摇数次。加入溶菌酶 30 μL，置于 65℃ 水浴 30 min。取出置沸水浴中 5 min。加入等体积的饱和酚，倒转混匀，4℃ 7 500 r/min 离心 10 min，取上层水相，重复操作一次；加入等体积的酚：氯仿：异戊醇（25：24：1）颠倒摇匀 2~3 次，4℃ 7 500 r/min 离心 10 min。转移上清液于另一离心管中。加入 2.5 倍体积的预冷无水乙醇，-20℃ 沉淀 30 min，12 000 r/min 离心 10 min，弃去所有液相。用 1 mL 70% 乙醇漂洗 2~3 次，每次 12 000 r/min 离心 2 min。真空或室温干燥，DNA 沉淀物用 25 μL 无菌双蒸水溶解，保存在-20℃备用。

## 4.2.2 PCR 反应体系及条件

### 4.2.2.1 推荐使用反应体系

第一次 PCR 扩增：

| | |
|---|---|
| 10×PCR buffer（含 Mg$^{2+}$） | 5 μL |
| dNTPs | 4 μL |
| MP1 和 MP2 引物 | 各 1 μL |
| 模板（被检样本总 DNA） | 4 μL |
| 无菌双蒸水 | 34.75 μL |
| *Taq* DNA 聚合酶 | 0.25 μL |

第二次 PCR 扩增：

| | |
|---|---|
| 10×PCR buffer（含 Mg$^{2+}$） | 5 μL |
| dNTPs | 4 μL |
| MP3 和 MP4 引物各 | 1 μL |
| 模板（一扩产物） | 2 μL |
| 无菌双蒸水 | 36.75 μL |
| Taq DNA 聚合酶 | 0.25 μL |

样本检测时，同时要设阳性对照和空白对照。阳性对照模板为衣原体 MOMP 基因阳性质粒，空白对照为双蒸水，其他体系成分不变。如果是采用其他更好的反应体系时，可根据具体情况调整体系。

### 4.2.2.2 反应条件

一扩：首先 95℃ 充分变性 5 min；然后 35 个循环，分别为 94℃变性 1 min、52.5℃退火 1 min、72℃延伸 2 min；最后 72℃延伸 10 min。

二扩：35 个循环，分别为 94℃变性 30 s、51.6℃退火 1 min、72℃延伸 2 min；最后 72℃延伸 10 min。

## 4.3 电泳

### 4.3.1 制板

取 1 g 琼脂糖加入 100 mL 电泳缓冲液，摇匀，加热溶化后制作 1%琼脂糖凝胶板。

### 4.3.2 加样

PCR 反应结束，取二次扩增产物各 5 μL（包括被检样本、阳性对照、空白对照）、DL2 000 DNA 分子质量标准 5 μL 进行琼脂糖凝胶电泳。

### 4.3.3 电泳条件

小心地移去梳子，将凝胶放入电泳槽。加入电泳缓冲液，使液面高出凝胶表面 1~2 mm。如加样孔内有气泡，应尽量用吸管吸出。用微量移液器将样本与上样缓冲液按 1∶5 混合，加入孔内使沉入孔底；80~100 V 恒压电泳，使 DNA 向阳极方向移动。

### 4.3.4 凝胶成像仪观察

扩增产物电泳结束后，用凝胶成像仪观察检测结果、拍照，记录试验结果。

## 4.4 结果判断举例

### 4.4.1 判定说明

将扩增产物电泳后用凝胶成像仪观察，DNA 分子质量标准、阳性对照、空白对照为如下结果时试验方成立，否则应重新试验。DL2 000 DNA 分子质量标准（Marker）电泳道从上到下依次出现 2 000 bp、1 000 bp、750 bp、500 bp、250 bp、100 bp 6 条清晰的条带。阳性对照二扩产物约为 480 bp 大小清晰的条带。在样本检测时，大多一扩反应因扩增产物量小而难以看见电泳条带。若一扩产物出现大小约 1 170 bp 的条带，可直接判定为阳性。空白对照电泳道不出现任何条带。

### 4.4.2 样本结果判定

在同一块凝胶板上电泳后，当 DNA 分子质量标准、各组对照同时成立时：被检样本一扩产物电泳出现大小约 1 170 bp 的条带，可直接判定为阳性（+）；若一扩反应产物电泳没有约 1 170 bp 条带，二扩反应产物电泳出现一条 480 bp 的条带，判为阳性（+）。被检样本一扩反应产物电泳没有约 1 170 bp 的条带，二扩反应产物电泳没有出现大小为 480 bp 的条带，判为阴性（-）。结果判定示意图见附录 B。

## 5　动物衣原体病血清学诊断技术

### 5.1　补体结合试验（CF）

#### 5.1.1　材料准备

##### 5.1.1.1　器材

12 mm×37 mm 试管、试管架、水浴箱、U 型 96（8×12）孔微量滴定板、生理盐水。

##### 5.1.1.2　补体

商品补体，按说明书使用和保存，试验前对供试补体需经补体效价滴定。补体效价滴定方法见附录 C。

##### 5.1.1.3　溶血素

试验前对供试溶血素需经效价滴定。溶血素效价滴定见附录 D。

##### 5.1.1.4　1%绵羊红细胞悬液

制备方法见附录 E，敏化红细胞制备见附录 C.2。

##### 5.1.1.5　被检血清

应无溶血、无腐败（可加入 0.01%硫柳汞或 0.01%叠氮钠防腐），试验前需灭能。不同畜禽血清灭能的温度和时间见附录 F。

##### 5.1.1.6　标准抗原和标准阳性、阴性血清

抗原和阳性血清效价滴定的方法见附录 G。

## 5.1.2 操作方法

### 5.1.2.1 直接补体结合试验（DCF）

#### 5.1.2.1.1 试验方法

##### 5.1.2.1.1.1 试管法

按表1的程序操作。试验要同时设抗补体对照、阳性血清对照、阴性血清对照、抗原对照、溶血素对照和生理盐水对照。

表1 直接补体结合试验（试管法）　　　　单位为毫升

| 成分 | 被检血清 | | | | | | 对照 | | | | | 效价 |
|---|---|---|---|---|---|---|---|---|---|---|---|---|
| | 试管 | | | | | | 阳性血清 | 阴性血清 | 抗原 | 溶血素 | 生理盐水 | |
| | 1:4 | 1:8 | 1:16 | 1:32 | 1:64 | 1:128 | 2工作量 | 1:4 | 2工作量 | | | |
| 血清 | 0.1 | 0.1 | 0.1 | 0.1 | 0.1 | 0.1 | 0.1 | 0.1 | | | | |
| 2工作量抗原 | 0.1 | 0.1 | 0.1 | 0.1 | 0.1 | 0.1 | 0.1 | 0.1 | 0.1 | | | |
| 2单位补体 | 0.2 | 0.2 | 0.2 | 0.2 | 0.2 | 0.2 | 0.2 | 0.2 | 0.2 | 0.2 | | |
| 生理盐水 | | | | | | | | | 0.1 | 0.2 | 0.4 | |
| 混匀后，4℃ 16~18 h 感作，取出后37℃水浴30 min | | | | | | | | | | | | |
| 敏化红细胞 | 0.2 | 0.2 | 0.2 | 0.2 | 0.2 | 0.2 | 0.2 | 0.2 | 0.2 | 0.2 | 0.2 | |
| 混匀，37℃水浴30 min | | | | | | | | | | | | |
| 判定 | ++++ 全不溶血 | ++++ 全不溶血 | +++ 25%溶血 | ++ 50%溶血 | + 75%溶血 | − 全溶血 | ++++ 全不溶血 | − 全溶血 | − 全溶血 | − 全溶血 | ++++ 全不溶血 | 1:32 |

##### 5.1.2.1.1.2 微量法

用U型96孔反应板，按表2的程序操作。试验同时设抗补体对照、阳性血清对照、阴性血清对照、抗原对照、溶血素对照和生理盐水对照。

**表2　直接补体结合试验（微量法）**　　　　单位为微升

| 成分 | 被检血清 | | | | | | 各项对照 | | | | | 效价 |
|---|---|---|---|---|---|---|---|---|---|---|---|---|
| | 试验孔 | | | | | | 阳性血清 | 阴性血清 | 抗原 | 溶血素 | 生理盐水 | |
| | 1:4 | 1:8 | 1:16 | 1:32 | 1:64 | 1:128 | 2工作量 | 1:4 | 2工作量 | | | |
| 血清 | 25 | 25 | 25 | 25 | 25 | 25 | 25 | 25 | | | | |
| 2工作量抗原 | 25 | 25 | 25 | 25 | 25 | 25 | 25 | 25 | 25 | | | |
| 2单位补体 | 50 | 50 | 50 | 50 | 50 | 50 | 50 | 50 | 50 | 50 | | |
| 生理盐水 | | | | | | | | | 25 | 50 | 100 | |
| 混匀后，4℃ 16~18 h感作，取出后37℃水浴30 min | | | | | | | | | | | | |
| 敏化红细胞 | 50 | 50 | 50 | 50 | 50 | 50 | 50 | 50 | 50 | 50 | 50 | |
| 混匀，37℃水浴30 min | | | | | | | | | | | | |
| 判定 | ++++ | ++++ | +++ | ++ | + | - | ++++ | - | - | - | ++++ | 1:32 |
| | 全不溶血 | 全不溶血 | 25%溶血 | 50%溶血 | 75%溶血 | 全溶血 | 全不溶血 | 全溶血 | 全溶血 | 全溶血 | 全不溶血 | |

### 5.1.2.1.2　结果判定举例

在最后一次37℃水浴30 min后，立即进行试验结果判定。

各组对照为如下结果时试验方能成立，否则应重复试验：

a) 被检血清抗补体对照：完全溶血（-）；

b) 阳性血清加抗原对照：完全抑制溶血（++++）；

c) 阴性血清加抗原对照：完全溶血（-）；

d) 抗原对照：完全溶血（-）；

e) 溶血素对照：完全溶血（-）；

f) 生理盐水对照：完全不溶血（++++）。

### 5.1.2.1.3　判定标准

### 5.1.2.1.3.1　兔血清

a) 被检血清效价≥1:16（++）判为阳性；

b) 被检血清效价≤1:8（+）判为阴性。

c）被检血清效价 = 1∶16（+）或 1∶8（++）判为可疑；重复试验仍为可疑，则判为阳性。

#### 5.1.2.1.3.2 绵羊、山羊、牛、幼龄鸽、鹦鹉等血清

a）被检血清效价 ≥ 1∶8（++）判为阳性；

b）被检血清效价 ≤ 1∶4（+）判为阴性；

c）被检血清效价 = 1∶8（+）或 1∶4（++）判为可疑；重复试验仍为可疑，则判为阳性。

### 5.1.2.2 间接补体结合试验（ICF）

#### 5.1.2.2.1 试验方法

#### 5.1.2.2.1.1 试管法

按表 3 的程序操作。

表 3　间接补体结合试验（试管法）　　　　　单位为毫升

| 成分 | 被检血清 | | | | | | 间接补反对照 | | 直接补反对照 | 抗原对照 | 效价 |
|---|---|---|---|---|---|---|---|---|---|---|---|
| | 试验管 | | | | | | 阳性血清 | 阴性血清 | 指示血清 | | |
| | 1∶4 | 1∶8 | 1∶16 | 1∶32 | 1∶64 | 1∶128 | 1工作量 | 1∶4 | 1工作量 | | |
| 血清 | 0.1 | 0.1 | 0.1 | 0.1 | 0.1 | 0.1 | 0.1 | 0.1 | | | |
| 1工作量抗原 | 0.1 | 0.1 | 0.1 | 0.1 | 0.1 | 0.1 | 0.1 | 0.1 | 0.1 | 0.1 | |
| 混匀后，4℃ 6~8 h 感作 | | | | | | | | | | | |
| 1工作量指示血清 | 0.1 | 0.1 | 0.1 | 0.1 | 0.1 | 0.1 | 0.1 | 0.1 | | | |
| 2补体单位 | 0.2 | 0.2 | 0.2 | 0.2 | 0.2 | 0.2 | 0.2 | 0.2 | 0.2 | 0.2 | |
| 生理盐水 | | | | | | | | | 0.1 | 0.2 | |
| 混匀后，4℃ 过夜（或8~10 h），取出后37℃水浴30 min | | | | | | | | | | | |
| 敏化红细胞 | 0.2 | 0.2 | 0.2 | 0.2 | 0.2 | 0.2 | 0.2 | 0.2 | 0.2 | 0.2 | |
| 混匀，37℃水浴30 min | | | | | | | | | | | |
| 判定 | − | − | + | ++ | +++ | ++++ | − | ++++ | ++++ | − | 1∶32 |
| | 全溶血 | 全溶血 | 75%溶血 | 50%溶血 | 25%溶血 | 全不溶血 | 全溶血 | 全不溶血 | 全不溶血 | 全溶血 | |

#### 5.1.2.2.1.2　微量法

按表 4 的程序操作。

**表 4　间接补体结合试验（微量法）**　　　　单位为微升

| 成分 | 被检血清 | | | | | | 间接补反对照 | | 直接补反对照 | 抗原对照 | 效价 |
| --- | --- | --- | --- | --- | --- | --- | --- | --- | --- | --- | --- |
| | 试验管 | | | | | | 阳性血清 | 阴性血清 | 指示剂血清 | | |
| | 1:4 | 1:8 | 1:16 | 1:32 | 1:64 | 1:128 | 1工作量 | 1:4 | 1工作量 | | |
| 血清 | 25 | 25 | 25 | 25 | 25 | 25 | 25 | 25 | | | |
| 1工作量抗原 | 25 | 25 | 25 | 25 | 25 | 25 | 25 | 25 | 25 | 25 | |
| 混匀后，4℃ 6~8 h 感作 | | | | | | | | | | | |
| 1工作量指示血清 | 25 | 25 | 25 | 25 | 25 | 25 | 25 | 25 | 25 | | |
| 2补体单位 | 50 | 50 | 50 | 50 | 50 | 50 | 50 | 50 | 50 | 50 | |
| 生理盐水 | | | | | | | | | 25 | 50 | |
| 混匀后，4℃过夜（或8~10 h），取出后37℃水浴30 min | | | | | | | | | | | |
| 敏化红细胞 | 50 | 50 | 50 | 50 | 50 | 50 | 50 | 50 | 50 | 50 | |
| 混匀，37℃水浴30 min | | | | | | | | | | | |
| 判定 | − | − | + | ++ | +++ | ++++ | − | ++++ | ++++ | − | 1:32 |
| | 全溶血 | 全溶血 | 75%溶血 | 50%溶血 | 25%溶血 | 全不溶血 | 全溶血 | 全不溶血 | 全不溶血 | 全溶血 | |

#### 5.1.2.2.2　结果判定举例

最后一次 37℃ 水浴 30 min 后，立即判定。

对照试验为如下结果时试验方能成立，否则应重复试验：

a）被检血清抗补体对照：完全溶血（−）；

b）阳性血清加抗原加指示血清：完全溶血（−）；

c）阴性血清加抗原加指示血清：完全抑制溶血（++++）；

d）抗原对照：完全溶血（−）。

### 5.1.2.2.3 判定标准

#### 5.1.2.2.3.1 鸭血清

a）被检血清效价≥1：16（++）判为阳性；

b）被检血清效价≤1：8（+）判断为阴性；

c）被检血清效价＝1：16（+）或1：8（++）判为可疑；重检仍为可疑判为阳性。

#### 5.1.2.2.3.2 猪、鸡、鹌鹑等血清

a）被检血清效价≥1：8（++）判为阳性；

b）被检血清效价≤1：4（+）判断为阴性；

c）被检血清效价＝1：8（+）或1：4（++）判为可疑；重检仍为可疑判为阳性。

### 5.2 间接血凝试验（IHA）

#### 5.2.1 材料

#### 5.2.1.1 器材

96孔（8×12）V型（110°）聚苯乙烯滴定板，25 μL、50 μL微量移液器或稀释棒，微量振荡器，水浴箱等。

#### 5.2.1.2 敏化红细胞

为衣原体纯化灭活抗原致敏的雄性绵羊红细胞。

#### 5.2.1.3 对照血清

标准阳性血清的血凝效价为（1：2 048）～（1：4 096），标准阴性血清的血凝效价≤1：4。

#### 5.2.1.4 被检血清

应无溶血、无腐败。必要时，可加入硫柳汞或叠氮钠以防腐，其含量分别为0.01%和0.2%。试验前灭能。

#### 5.2.1.5 稀释液

为含1%灭能健康兔血清的0.15 mol/L pH 7.2磷酸盐缓冲液（PBS），制备方法见附录H。

## 5.2.2　操作方法

### 5.2.2.1　稀释被检血清

每份被检血清用 8 孔，每孔滴加稀释液 50 μL；用微量移液器或稀释棒吸（蘸）取被检血清 50 μL 加入第 1 孔，充分混匀后再吸（蘸）取 50 μL 加入第 2 孔……依次做倍比连续稀释至第 8 孔（1:2，1:4，1:8，…，1:256），混匀后从第 8 孔弃去 50 μL。

### 5.2.2.2　加抗原

将抗原摇匀后，每孔滴加 1% 抗原敏化红细胞悬液 25 μL。

### 5.2.2.3　设对照

在每块 V 型滴定板上做试验，要同时设立对照，即敏化红细胞空白对照 1 孔；阳性血清（1:64）加敏化红细胞对照 1 孔；阴性血清（1:4）加敏化红细胞对照 1 孔。所有对照样的稀释与被检血清相同。

### 5.2.2.4　振荡

加致敏红细胞后将 V 型滴定板放在微量振荡器上振荡 1 min，置于室温（冬季置于 35℃ 温箱）2 h，判定结果。操作程序见表 5。

表 5　间接红细胞凝集试验程序及判定结果举例　　单位为微升

| 成分 | 被检血清稀释度 | | | | | | | | 各项对照 | | |
| --- | --- | --- | --- | --- | --- | --- | --- | --- | --- | --- | --- |
| | 1:2 | 1:4 | 1:8 | 1:16 | 1:32 | 1:64 | 1:128 | 1:256 | 敏化红细胞 | 阳性血清 1:64 | 阴性血清 1:4 |
| 稀释度 | 50 | 50 | 50 | 50 | 50 | 50 | 50 | 50 | 50 | | |
| 被检血清 | 50 | 50 | 50 | 50 | 50 | 50 | 50 | 50 | 弃掉 50 | 50 | 50 |
| 敏化红细胞 | 25 | 25 | 25 | 25 | 25 | 25 | 25 | 25 | 25 | 25 | 25 |
| 放在微量振荡器上震荡 1 min，置于室温（冬季放于 35℃ 温箱）2 h | | | | | | | | | | | |
| 判定结果 | ++++ | ++++ | ++++ | ++++ | ++++ | +++ | ++ | + | - | ++++ | - |

注：表中所示被检血清的血凝效价为 1:128。

### 5.2.3 结果判定举例

凝集程度的标准如下：

++++：红细胞 100% 凝集，呈一均匀的膜布满整个孔底；

+++：红细胞 75% 凝集，形成的膜均匀地分布在孔底，但在孔底中心有红细胞形成的一个针尖大小点；

++：红细胞 50% 凝集，在孔底形成的薄膜边缘呈锯齿状，孔底为一红细胞圆点；

+：红细胞 25% 凝集，孔底红细胞形成的圆点较大；

±：红细胞沉于孔底，但周围不光滑或圆点中心有空斑；

-：红细胞完全沉于孔底，呈光滑的大圆点。

加抗原后所设各项对照均成立、否则应重做，正确对照的结果是：

a）抗原敏化红细胞应无自凝（-）；

b）阳性血清对照应 100% 凝集（++++）；

c）阴性血清对照应无凝集（-）。

### 5.2.4 结果判定

### 5.2.4.1 哺乳动物

a）血凝效价≥1∶64（++）判为阳性；

b）血凝效价≤1∶16（++）判为阴性；

c）血凝效价介于两者之间判为可疑。

### 5.2.4.2 禽类

a）血凝效价≥1∶16（++）判为阳性；

b）血凝效价≤1∶4（++）判为阴性；

c）血凝效价介于两者之间判为可疑；

d）可疑者复检，仍为可疑判为阳性，或用 CF 试验复检。

## 附录 A
### （规范性附录）
### 姬姆萨染色方法

**A. 1** 以 1 g 的姬姆色素染料加入 66 mL 甘油，混匀，60℃保温溶解 2 h，再加入 66 mL 甲醇混匀，即配成姬姆色素原液。此原液用前用 PBS（6.8）稀释 10 倍左右就可以使用。

**A. 2** 按常规方法制备血涂片，待血膜干后，用甲醇固定 2 ~ 3 min。

**A. 3** 将血涂片或骨髓涂片放置染色架上，滴加稀释好的染色液，使覆盖全部血膜，室温染色 15 ~ 30 min。

**A. 4** 用自来水缓慢从玻片一端冲洗（注意：勿先倒去染液或直接对血膜冲洗），晾干后镜检。

## 附录 B

### (规范性附录)
### PCR 结果判定示意图

PCR 结果判定示意图见图 B.1。

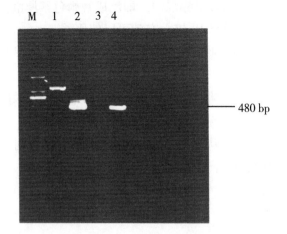

说明：

M—DL2 000™ Marker，从上往下为 2 000 bp、1 000 bp、750 bp、500 bp、250 bp、100 bp；

1—条带为一扩产物；3—阴性对照；

2—条带为二扩产物；4—样本阳性扩增结果。

**图 B.1　PCR 结果判定示意图**

# 附录 C

## （规范性附录）
## 补体效价滴定

**C. 1** 用生理盐水将补体做 1 ﹕60 稀释。

**C. 2** 敏化红细胞：1%红细胞悬液加等量的 2 个工作单位量的溶血素，37℃水浴 15 min。

**C. 3** 按表 C. 1 测定补体效价。

表 C. 1 补体效价测定       单位为毫升

| 试管号 | 抗原 | | | | | | | 生理盐水 | | | | | | |
|---|---|---|---|---|---|---|---|---|---|---|---|---|---|---|
| | 1 | 2 | 3 | 4 | 5 | 6 | 7 | 1 | 2 | 3 | 4 | 5 | 6 | 7 |
| 2 单位抗原 | 0.1 | 0.1 | 0.1 | 0.1 | 0.1 | 0.1 | 0.1 | - | - | - | - | - | - | - |
| 生理盐水 | 0.27 | 0.25 | 0.22 | 0.20 | 0.18 | 0.16 | 0.14 | 0.37 | 0.35 | 0.32 | 0.30 | 0.28 | 0.26 | 0.24 |
| 1﹕60 补体 | 0.03 | 0.05 | 0.08 | 0.10 | 0.12 | 0.14 | 0.16 | 0.03 | 0.05 | 0.08 | 0.10 | 0.12 | 0.14 | 0.16 |
| 混匀，37℃水浴 30 min | | | | | | | | | | | | | | |
| 敏化红细胞 | 0.2 | 0.2 | 0.2 | 0.2 | 0.2 | 0.2 | 0.2 | 0.2 | 0.2 | 0.2 | 0.2 | 0.2 | 0.2 | 0.2 |
| 混匀，37℃水浴 30 min | | | | | | | | | | | | | | |
| 判定 | ++++ | +++ | ++ | + | - | - | - | ++++ | +++ | ++ | + | - | - | - |
| | 全不溶血 | 25%溶血 | 50%溶血 | 75%溶血 | 全溶血 | 全溶血 | 全溶血 | 全不溶血 | 25%溶血 | 50%溶血 | 75%溶血 | 全溶血 | 全溶血 | 全溶血 |

**C. 4** 以能完全溶血的最小补体量为一个单位，正式试验使用两个单位。表 C. 1 例中补体一个单位量为 0. 12 mL，按式（C. 1）计算出补体的使用稀释倍数。即：

$$原补体应稀释倍数 = \frac{使用时每管加入量 \times 滴定时补体稀释倍数}{一个单位补体量 \times 2}$$

$$= \frac{0.2 \times 60}{0.12 \times 2} = 50 \qquad \cdots\cdots\cdots\cdots\cdots \text{（C.1）}$$

## 附录 D

### （规范性附录）

### 溶血素效价滴定

**D.1**　先将溶血素 1：100 稀释（0.2 mL 含甘油的溶血素加 9.8 mL 生理盐水）按表 D.1 稀释成不同倍数。

**表 D.1　溶血素稀释**　　　　　　　　单位为毫升

| 管号 | 1 | 2 | 3 | 4 | 5 | 6 | 7 | 8 | 9 |
|---|---|---|---|---|---|---|---|---|---|
| 稀释倍数 | 1 000 | 2 000 | 3 000 | 4 000 | 5 000 | 6 000 | 7 000 | 8 000 | 9 000 |
| 生理盐水 | 9 | 1 | 2 | 3 | 4 | 5 | 6 | 7 | 8 |
| 1：100 溶血素 | 1 | | | | | | | | |
| 1：100 溶血素 | | 1 | 1 | 1 | 1 | 1 | 1 | 1 | 1 |

**D.2**　再按表 D.2 操作，测定溶血素效价。

**表 D.2　溶血素效价测定**　　　　　　　　单位为毫升

| 管号 | 1 | 2 | 3 | 4 | 5 | 6 | 7 | 8 | 9 | 对照 | | |
|---|---|---|---|---|---|---|---|---|---|---|---|---|
| 稀释倍数 | 1 000 | 2 000 | 3 000 | 4 000 | 5 000 | 6 000 | 7 000 | 8 000 | 9 000 | 补体 | 1：100 溶血素 | 1% 红细胞 |
| 稀释溶血素 | 0.1 | 0.1 | 0.1 | 0.1 | 0.1 | 0.1 | 0.1 | 0.1 | 0.1 | 0 | 0.1 | 0 |
| 生理盐水 | 0.2 | 0.2 | 0.2 | 0.2 | 0.2 | 0.2 | 0.2 | 0.2 | 0.2 | 0.3 | 0.2 | 0..5 |
| 1：60 补体 | 0.2 | 0.2 | 0.2 | 0.2 | 0.2 | 0.2 | 0.2 | 0.2 | 0.2 | 0.2 | 0.2 | 0 |
| 1% 红细胞 | 0.1 | 0.1 | 0.1 | 0.1 | 0.1 | 0.1 | 0.1 | 0.1 | 0.1 | 0.1 | 0.1 | 0.1 |
| 充分摇匀，37℃水浴 30 min | | | | | | | | | | | | |

（续表）

| 管号 | 1 | 2 | 3 | 4 | 5 | 6 | 7 | 8 | 9 | 对照 | |
|---|---|---|---|---|---|---|---|---|---|---|---|
| 判定 | − | − | − | − | − | − | − | + | ++ | ++++ | − | ++++ |
| | 全溶血 | 全溶血 | 全溶血 | 全溶血 | 全溶血 | 全溶血 | 全溶血 | 75%溶血 | 50%溶血 | 全不溶血 | 全溶血 | 全不溶血 |

**D.3** 以完全溶血的溶血素最高稀释倍数为一个溶血素单位，表 D.2 所示为 7 000 倍。正式试验时，使用两个溶血素单位，本例为 3 500 倍。

## 附录 E
### （规范性附录）
### 1%绵羊红细胞悬液的制备

**E.1**　从成年健康公绵羊颈静脉采血于灭菌的装有玻璃珠的三角烧瓶中，均匀摇动脱去纤维蛋白，按 1∶1（*V/V*）加入红细胞保存液，混匀后分装于灭菌链霉素瓶中（5~10 mL），4℃冰箱可保存 2 个月。使用时，将红细胞移入离心管，1 500~2 000 r/min 离心 15 min，弃上清液，在沉淀中加入生理盐水，摇匀后再离心。如此反复洗红细胞 3~4 次，直至上清液无色透亮为止，弃上清。取洗涤好的红细胞泥 1 mL 悬浮于 99 mL 的生理盐水中，即成 1%红细胞悬液。

**E.2**　红细胞保存液配方：葡萄糖 20.5 g，氯化钠 4.2 g，柠檬酸三钠 8 g，柠檬酸 0.55 g，蒸馏水加至 1 000 mL，101.8 kPa 高压灭菌 20 min，备用。

## 附录 F

### （资料性附录）

### 各种畜禽血清灭能温度和时间

不同畜禽血清灭能温度和时间见表 F.1。未注明者，血清的灭能温度同时适应于本标准的 CF 和 IHA 试验。

表 F.1 不同畜禽血清灭能温度和时间

| 动物种类 | 灭能温度/℃ | 灭能时间/min |
|---|---|---|
| 鸡 | 56 | 35 |
| 豚鼠、火鸡、鸭、鸽、鹅、鹦鹉、鹌鹑 | 56 | 30 |
| 黄牛、猪 | 56（CF）和 62（IHA） | 30 |
| 水牛、山羊、犬（1:2 稀释） | 62 | 30 |
| 马、兔（1:2 稀释） | 65 | 30 |
| 绵羊 | 58~59 | 30 |
| 骡、驴（1:2 稀释） | 62~64 | 30 |
| 骆驼 | 54 | 30 |

## 附录 G

### （规范性附录）
### 抗原、阳性血清效价滴定方法

### G. 1　测定抗原、血清效价

**G. 1. 1**　取 80 支试管，排成纵横各 9 排的方阵（第 9 排缺 1 管）。

**G. 1. 2**　抗原和阳性血清分别从 1∶（8~512）做倍比稀释，阴性血清做 1∶4 稀释。设抗原、血清和生理盐水对照。

**G. 1. 3**　按表 G. 1 加阳性血清，每个稀释度加 7 管，每管加 0. 1 mL。抗原对照组第 1 排不加血清，而用 0. 1 mL 生理盐水代替。

**G. 1. 4**　按表 G. 1 加抗原，每个稀释度加 7 管，每管加 0. 1 mL。血清对照不加抗原，而用 0. 1 mL 生理盐水代替。

**G. 1. 5**　每管中加入 2 单位补体 0. 2 mL。

**G. 1. 6**　摇匀，置于 4℃ 冰箱感作 16~18 h，取出放在 37℃ 水浴中 30 min。

**G. 1. 7**　每管加入敏化红细胞 0. 2 mL。

**G. 1. 8**　混匀，置于 37℃ 水浴 30 min 后，取出静置 2~3 h，判定结果。

**G. 1. 9**　效价判定：能与最高稀释度的阳性血清呈现完全抑制溶血（++++）反应的最高抗原稀释度，即为抗原效价（一个工作量）如表 G. 1 所示，抗原效价为 1∶128，阳性血清效价为 1∶256（一个血清工作量）。

表 G.1　抗原和阳性血清滴定举例

| 抗原 | 血清 | | | | | | | 阴性血清 1：4 | 抗原抗补体对照 |
|---|---|---|---|---|---|---|---|---|---|
| | 1：8 | 1：16 | 1：32 | 1：64 | 1：128 | 1：256 | 1：512 | | |
| 1：8 | ++++ | ++++ | ++++ | ++++ | ++++ | ++++ | +++ | − | − |
| 1：16 | ++++ | ++++ | ++++ | ++++ | ++++ | ++++ | +++ | − | − |
| 1：32 | ++++ | ++++ | ++++ | ++++ | ++++ | ++++ | +++ | − | − |
| 1：64 | ++++ | ++++ | ++++ | ++++ | ++++ | ++++ | ++ | − | − |
| 1：128 | ++++ | ++++ | ++++ | ++++ | ++++ | ++++ | ++ | − | − |
| 1：256 | ++++ | ++++ | ++++ | ++++ | ++++ | ++ | + | − | − |
| 1：512 | ++++ | ++++ | ++++ | +++ | ++ | + | − | − | − |
| 血清抗补体对照 | − | − | − | − | − | − | − | − | 盐水对照 ++++ |

## G.2　指示血清

　　间接补体结合试验所用的指示血清，即直接补体结合试验中的阳性对照血清。其效价如 G.1 中所测，间接补体结合正式试验时，采用一个血清工作量。

## G.3　间接补体结合试验用阳性血清对照效价的滴定

**G.3.1**　先将间接补体结合试验用阳性血清对照（鸭或猪的免疫血清），用生理盐水从 1：4 至 1：512 做倍比稀释。抗原和指示血清均稀释成一个工作量，按表 G.2 程序进行滴定。

**G.3.2**　效价判定：能与一个工作量抗原呈现完全溶血（−）的最高血清稀释度为该血清效价。如表 G.2 所示 1：32。

### 表 G.2　间接补体结合试验用阳性血清效价测定表

| 血清稀释度 | 1:4 | 1:8 | 1:16 | 1:32 | 1:64 | 1:128 | 1:256 | 1:512 | 1:4 | 抗原对照 | 指示血清对照 | 生理盐水对照 |
|---|---|---|---|---|---|---|---|---|---|---|---|---|
| 血清加量 | 0.1 | 0.1 | 0.1 | 0.1 | 0.1 | 0.1 | 0.1 | 0.1 | 0.1 | | | |
| 1工作量抗原 | 0.1 | 0.1 | 0.1 | 0.1 | 0.1 | 0.1 | 0.1 | 0.1 | | 0.1 | 0.1 | |
| 混匀, 4℃ 6~8 h感作 | | | | | | | | | | | | |
| 1工作量指示血清 | 0.1 | 0.1 | 0.1 | 0.1 | 0.1 | 0.1 | 0.1 | 0.1 | | | 0.1 | |
| 2单位补体 | 0.2 | 0.2 | 0.2 | 0.2 | 0.2 | 0.2 | 0.2 | 0.2 | 0.2 | 0.2 | 0.2 | |
| 生理盐水 | | | | | | | | | 0.2 | 0.2 | 0.1 | 0.5 |
| 混匀, 4℃ 16~18 h感作, 取出后37℃水浴 30 min | | | | | | | | | | | | |
| 敏化红细胞 | 0.2 | 0.2 | 0.2 | 0.2 | 0.2 | 0.2 | 0.2 | 0.2 | 0.2 | 0.2 | 0.2 | 0.2 |
| 混匀, 37℃水浴 30 min | | | | | | | | | | | | |
| 判定 | − | − | − | − | + | ++ | +++ | ++++ | − | − | ++++ | ++++ |
| | 全溶血 | 全溶血 | 全溶血 | 全溶血 | 75%溶血 | 50%溶血 | 25%溶血 | 全不溶血 | 全溶血 | 全溶血 | 全不溶血 | 全不溶血 |

# 附录 H

## （规范性附录）

## 含 1% 灭能健康兔血清 0. 15 mol/L pH 7. 2
## PBS 稀释液的配制方法

### H. 1　0. 15 mol/L pH 7. 2 PBS 配制

| | |
|---|---|
| 磷酸氢二钠（$Na_2HPO_4 \cdot 12H_2O$） | 19. 34 g |
| 磷酸二氢钾 | 2. 86 g |
| 氯化钠 | 4. 25 g |
| 蒸馏水 | 加至 500 mL |

103. 41 kPa 30 min 灭菌。

### H. 2　健康兔血清

灭能。

### H. 3　含 1% 灭能健康兔血清 0. 15 mol/L pH 7. 2 PBS 稀释液的配制

| | |
|---|---|
| 0. 15 mol/L pH 7. 2 PBS | 99 mL |
| 灭能健康兔血清 | 1 mL |

二者混合，即为含 1% 灭能健康血清 0. 15 mol/L pH 7. 2 PBS 稀释液。

资料来源:https://std. cahec. cn/qb/details/314. html